孔子的故事

李长之◎著

天津出版传媒集团
百花文艺出版社

图书在版编目（CIP）数据

孔子的故事 / 李长之著. -- 天津 : 百花文艺出版社，2020.6
ISBN 978-7-5306-7785-8

Ⅰ. ①孔… Ⅱ. ①李… Ⅲ. ①孔丘(前551–前479)–传记 Ⅳ. ①B822.2

中国版本图书馆CIP数据核字(2019)第265048号

孔子的故事
KONGZI DE GUSHI
李长之 著

出版人：薛印胜
责任编辑：赵世鑫　**封面设计：**郭亚红
出版发行：百花文艺出版社
地址：天津市和平区西康路35号　**邮编：**300051
电话传真：+86-22-23332651（发行部）
+86-22-23332656（总编室）
+86-22-23332478（邮购部）
网址：http://www.baihuawenyi.com
印刷：北京印匠彩色印刷有限公司
开本：880×1230毫米　1/32
字数：159千字
印张：7.75
版次：2020年6月第1版
印次：2020年6月第1次印刷
定价：34.80元

如有印装质量问题，请与北京印匠彩色印刷有限公司联系调换
地址：北京市顺义区高丽营镇
电话：(010)69491689
邮编：101399

导　读

《孔子的故事》的作者李长之对于现在的读者或许已经陌生了，但在二十世纪五十年代那却是一个耳熟能详的名字。

李长之，1910年出生于山东省利津县，北京师范大学教授。《孔子的故事》出版于1956年，是年李长之四十六岁，却已经发表了六百多篇文章，出版了二十多种专著。他是诗人，出版有《夜宴》和《星的颂歌》；他是翻译家，翻译了康德的《判断力批判》，出版有玛尔霍兹的《文艺史学和文艺科学》以及歌德的《童话》；他尤其在批评界和古典文学研究领域享有盛名，出版有《批评精神》《苦雾集》《梦雨集》。他的《鲁迅批判》，写于尚在清华大学读书的时候，那是经过鲁迅过目的研究鲁迅的第一部专著；他的《道教徒的诗人李白及其痛苦》《司马迁之人格与风格》都是蜚声中外的古典文学研究名著，日本有其译本；他的《中国文学史略稿》是二十世纪五十年代的热门教材。他勤奋，也有才气，曾经创下一天写一万五千字的论文外加两篇杂文的创作纪录，使得朱自清先生赞叹不已。

李长之写作《孔子的故事》是经过了长期的酝酿的。

他出生在一个书香门第，他的父亲是一个饱学的秀才，懂英文和法文，又写得一手好古文。李长之在中小学读书的时候正赶上张宗昌在山东的统治，他的复古读经政策给李长之打下了良好的儒家经典和古文阅读的功底。

早在二十世纪三十年代，在李长之撰写《伟大的思想家》一书时他就有写关于孔子的专著的打算，不过当时赶上抗日战争爆发，兵荒马乱，他只写了《伟大思想家的孟轲》，而且即使是此书也没有写完。此后，李长之对于孔子的研究一直没有中断。他是从中国文化的历史和现状去观照孔子的。他不同意五四运动简单的“打倒孔家店”的口号，认为五四运动“不但对于中国自己的古典文化没有了解，对于西洋的古典文化也没有认识。因为中国的古典时代是周秦，那文化的结晶是孔子，试问五四时代对于孔子的真精神有认识吗？反之，那时所喊得最起劲的，却是打倒孔家店”（《五四运动之文化的意义及其评价》，见1942年5月4日《大公报》）。1939年他写《积极的儒家精神》，发表于《新民族周刊》3卷18期，后收录于《迎中国的文艺复兴》；1941年他写的《孔子与屈原》一文得到了学术界的一致好评，经宗白华的推荐，他得以担任中央大学的兼任讲师，讲授《论语》和《孟子》；1942年他写《孟子所传之孔子》《从孔子到孟轲》，后者发表于《理想与文化》第2期；1944年他写《司马迁和孔子》，发表于《读书通讯》第91卷。1948年他和冯友兰、朱光潜等人联名发起纪念孔子诞辰两千五百周年纪念活动，在《大公报》上发表《孔子可谈而不可谈》,高度评价了孔子在中国文化史上的地位和影响,同时联系当时的形势,痛斥了贪官污吏借祭孔尊孔往自己脸上贴金的丑恶嘴脸。

1954年,上海人民出版社邀约李长之撰写有关孔子的通俗读物,李长之非常高兴,这是他多年的心愿,也是他长期研究孔子的一个虽只是部分开花结果的机会。

李长之选取了一个非常巧妙的视角写孔子——孔子的故事——"我们讲孔子的故事,主要是想使大家看一看孔子在当时是怎样生活的,以及当时的人(各式各样的人)是怎样看待孔子的"(见《孔子的故事》后记)。

无疑的,孔子是中国历史上最伟大的思想家。"如果说中国有一种根本的立国精神,能够历久不变,能够浸润于全民族的生命之中,又能够表现中华民族之独特的伦理价值的话,这无疑是中国的儒家思想。""讲儒家,就要先讲孔子——孔子是奠定中国儒家的思想的人,也是把中华民族所有的优长结晶为一个光芒四射的星体而照耀千秋的人"(《中国文化传统之认识上:儒家之根本精神》,见《迎中国的文艺复兴》,商务印书馆,1944年)。但是,自五四运动"打倒孔家店"以来,孔子又是现当代中国文化界争议最大的人物。李长之选取讲"孔子在当时是怎样生活的,以及当时的人(各式各样的人)是怎样看待孔子的",在很大程度上避开了争议,避开了挑战的尖锐,从而以比较客观地讲述历史的方式,以当时广大读者最容易接受的叙述方式介绍这位伟大的人物。

作为批评家,李长之最善于进行传记式的批评,他善于将作家的“人格和风格互相辉映阐发，感同身受地进入作家的文学世界中吟咏，把创作看作是作家生命的流露，从而深入把握作家的独特的生命，把生动的人格形象写下来”（温儒敏《中国现代文学批评史》第十一章《其他几位特色批评家》“李长之的传记批评”，北京大学出版社，1993年）。而讲述孔子的故事这种叙述方式，使得李长之最大限度地发挥其优势，绘声绘色地将孔子的精神面貌和生平事迹展现在我们的面前。

但是写孔子的故事有相当的难度，其难度不仅在于评价的分寸上，也在于传主史料的零碎和不足上。虽然《论语》《礼记》等先秦典籍对孔子的言行有较详尽的记录，司马迁的《史记·孔子世家》勾画了粗略的轮廓，但按照现代人对人物传记的整理要求，其资料的爬梳辨析难度是相当大的。比如，《论语》虽然记载了孔子的言行，但基本是语录体且无编年，哪段话是孔子什么时候说的，哪段话是孔子所说而非其弟子所言，后人有时很难判断。再比如，《礼记》《孝经》等书，在研究孔子及其儒家思想方面用处很大，但传记史料则付阙如。司马迁的《孔子世家》为我们描绘出其生平梗概，却重在精神思想方面，人物则写得神龙见首不见尾，迷离徜徉。因此，表面上看，文献典籍中孔子的言行记录不少，但真正在写传记时贯穿起来难度却很大。在现代为孔子作传，李长之的《孔子的故事》即使不能说是白手起家，其筚路蓝缕之艰难也可想而知。由于李长之对孔子研究得很深，他在这方面的努力应该说做得是相当严谨的。

《孔子的故事》是一部通俗的读物，李长之却没有因此减弱他斟酌史料的严肃性，相反，他对于相关的史料在取舍拣择上都做到有根有据，一丝不苟。《孔子的故事》几乎每一页都有相关的脚注。全书不过七万余字，而脚注多达二百三十九条，引书几十种之多，可称言必有据。这些脚注看似不起眼，却凝结着作者历史的眼光和不苟的精神。作者所引的文献几乎囊括了目前我们所见的有关孔子事迹言行的所有史料，同时也包括了五十年代孔子研究的最新成果。有些史料的运用反映了李长之史眼的独具，比如第七节"孔子在齐国政治活动的失败"，讲到晏婴和孔子的对立时的脚注说："见《墨子·非儒》篇，《晏子春秋》外篇第八。晏子虽然和墨翟出身不同，但他节用的主张，却是墨翟赞成的，所以就思想渊源上说，晏婴思想可认为墨家部分思想的先驱。后来儒、墨两派的对立，可以在晏婴和孔子的主张不同上反映出他们最早的分歧来。"第十四节"孔子终于出走"叙述孔子"曾荐举一个赶车的仆人为大夫"，其注曰："参考《史记·齐太公世家》《管晏列传》。《史记》所说越石父'在缧绁中'一语，据日本泷川资言考证，是采自《吕氏春秋》，原文'累之'是因负累作仆，司马迁却误解为'缧绁'了。"李长之所使用的史料不仅有文献，还有出土资料和实地的考察印象，他写第五节"孔子和老子的会见"，脚注就说"参考汉武梁祠画像，并依照宋洪适《隶续》对此图的解释"。第二十七节"整理诗歌和音乐"叙述孔子向师襄子讲说欣赏相传是周文王所作音乐的感受，脚注就说："见《论语·八佾》篇，第二十三章。郑注：'始作谓金奏时，闻金作，人皆翕如变动之貌。'我觉得这样和'翕如'的意思不太符合，此间以我从前听自祭孔时的音乐印象，意译如此。"这些简明的脚注让我们深深感受到李长之在写作《孔子的故事》一书时爬梳史料之细致、勤奋、谨严。

不能说李长之的《孔子的故事》在史料的运用上已完美无瑕，但李长之毕竟通过他的《孔子的故事》把孔子一生基本的轮廓给我们相当翔实生动地勾画出来了。

李长之在文学批评上主张感情的批评主义，他说："感情就是智慧。在批评一种文艺时，没有感情，是绝不能够充实、详尽、捉住要害。我明目张胆地主张感情的批评主义。"（《我对于文艺批评的要求和主张》，见《批评精神》，南方印书馆，1942年）这使他对于所评论叙述的人物往往充满感情色彩。他是诗人，又是写散文的高手，他的笔锋也带有浓厚的抒情意味。《孔子的故事》中的孔子并不因为李长之在文献上的言必有据而显得古板无生气，恰恰相反，在他的笔下，两千五百余年前孔子栩栩如生的面影经常活跃在字里行间。《孔子的故事》往往引用《诗经》和《论语》上的话，李长之把它们译成流畅生动的现代汉语，不仅准确地转译了原意，而且将口吻神态也惟妙惟肖地传递了出来。尤其是他的笔锋带情感，传递孔子的原话使人不觉，用得巧妙。他写孔子从事教育时的循循善诱，笔调从容和缓，有着人情的温暖和雍容博雅的风度；写孔子外交上的斗争，其勇毅果决的精神见于笔下，痛快淋漓，慷慨激昂；而写孔子的死，则舒缓安详，不啻一篇肃穆低回的挽歌：

一天清早，子贡来看孔子，孔子已经起身，正背着手，手里拿着拐杖，在门口站着，像是等待什么的样子。孔子一见子贡来了，就说道："赐呵，你为什么来得这么晚呢？"

于是子贡听见孔子唱了这样的歌：

泰山要倒了，
梁柱要断了，
哲人要像草木那样
枯了烂了！

这是孔子最后的歌声，“哲人”是孔子最后对自己的形容。孔子唱着唱着就流下泪来。子贡感到孔子已经病重了。

子贡赶快扶他进去。这时又听见孔子说：“夏代人的棺材是停在东阶上的，周代人的棺材是停在西阶上的，殷代人的棺材是停在两个柱子中间的，我昨夜得了一梦，是坐在两柱间，受人祭奠呢。我祖上是殷人呵，我大概活不久了。”

孔子从这天起病倒在床上，再也没起来。经过七天，孔子在弟子们的悲痛中离开了他们。

《孔子的故事》总体的行文风格纡徐疏朗，有一种叙事诗的味道。李长之在其《司马迁之人格与风格》一书中评论司马迁写《孔子世家》时说，“司马迁的精神，仿佛结晶在孔子的字里行间了，仿佛可以随意携取孔子的用语以为武器而十分当行了”，“其中有着纯挚的依恋，仰慕的情感在着”，这也似乎可以放在李长之所写的《孔子的故事》上。

《孔子的故事》在叙述方式上虽然避开了令人烦扰的争议，尽量客观地讲述孔子的生活，但作为批评家，李长之在叙述之余也不忘随之发表三言两语的短论，其中不乏深中肯綮的精辟之言。他在叙过孔子对于舜的《韶》乐和武王的《武》乐的批评之后，便说："孔子是反对战争而赞美和平的。这说明孔子对艺术的批评是技巧与内容兼顾的。"在讲过孔子对于《关雎》的评论之后，便说："这是季札的见解的发挥，同时也就代表孔子自己对艺术的要求：适度而不是过分，健康而不是病态。"尤其在后记中，李长之集中而旗帜鲜明地表述了他对于孔子的看法。他说："孔子是先秦诸子中最早的一个。他的进步面之一，就是反映奴隶制社会崩溃期的'人'的解放，这个伟大现实在他的思想体系上，就是'仁'的学说，就是把教育从贵族所专有(官学)，在一定程度上开放给一般人(私学)。孔子进步面之二，就是他在这段过渡期——同时也是封建社会的形成期——中，为大一统的封建王朝提供了一些虽然粗略的但是规模宏大的政治建设的蓝图，他研究了以往的政治经验，做出了一定程度的总结，又加上一些适合社会发展情况的创造，给后代封建社会的统治规模打下了一些基础。把他称为封建社会的'圣人'，不是偶然的。""他有进步面，有落后面，有软弱处，而进步面是主要的，这就是我对于孔子的估价。概括地谈孔子，就是如此。""如果仔细考究下去，孔子的进步面、落后面、软弱处，我认为也还是错综的，好的不完全是好，坏的也不完全是坏。"李长之的看法，在我们今天看来，也许不足为奇，但在当时却相当深刻，相当有针对性，其表述也是需要勇气的。

《孔子的故事》的后记，使得这本小册子虽然叙述的是孔子的生活故事，却又有着强烈的学术色彩，从这个意义上说，《孔子的故事》正文、脚注、后记，是一个整体，在阅读时不可偏废。

李长之不仅对孔子在中国文化史上的地位评价极高，而且欣赏孔子的人格精神。他说："孔子的思想有彻底的、激烈的一方面，这可以以《论语》为证。'非其鬼而祭之，谄也；见义不为，无勇也'（为政二十四）！'朝闻道，夕死可矣'（里仁八）！'志士仁人，无求生以害仁，有杀生以求仁'（卫灵公九）。我不知道什么话比这更彻底，更激烈，更'力有万钧'了！那老子、庄子比起来，简直是蚊子哼哼。""孔子常讲'仁'，但仁不是空洞洞的假慈悲，'微子去之，箕子为之奴，比干谏而死'（微子一），孔子才说'殷有三仁焉'，这其中有一种忠毅坚贞的积极精神在！"（《中国文化传统之认识上：儒家之根本精神》，见《迎中国的文艺复兴》，商务印书馆，1944年）李长之的人格和精神自然也受到了孔子的浸润濡染。反映在文学批评上是他一再强调批评精神和批评家的人格，"伟大的批评家，眼光是锐利的，同时，感情是热烈的。因为锐利，他见到大处，他探到根本，因为热烈，他最不能忘怀的，乃是人类。他可以不顾一切，为的真理，为的工作，为的使命，这是艺术家的人格，同时也是批评家的人格"（《论伟大的批评家和文学批评史》，见《批评精神》，南方印书馆，1942年）。反映在其人格精神上则是他一贯的坚持疾恶妄和刚直不阿。李长之在1957年被打成"右派"，"文化大革命"的岁月里又被打成牛鬼蛇神，但他没有消沉屈服，依然保持着健旺的活力和独立的观点。“文革”初期，北京师范大学的红卫兵到曲阜扫“四旧”，砸孔庙。李长之痛心疾首，他说：“孔庙是国务院立下石碑的全国重点文物保护单位，就这样被‘造反’，简直是胡闹！”“对一个在历史上影响这么大的人物简单地进行否定，一棒子打死，是不负责任而又无能的表现。”“批林批孔”时，他公开地讲：“儒家和法家思想是一种意识形态，属于历史的范畴，它不能‘万岁’，实际上汉朝的董仲舒已经不再是原来意义的儒家了，时代变了，却还要硬去找儒法斗争，不是刻舟求剑嘛！”

李长之是1978年12月去世的，他赶上了粉碎“四人帮”的喜事，看到了改革开放的曙光，却在迎接祖国进一步昌盛的时候不幸赍志以殁。

《孔子的故事》只是薄薄的小册子，在李长之的著作中并不是赫赫有名的代表作，从1956年出版到现在也已经过去了四十五个年头，但历史是公正的，隋珠虽小，尘埃难掩，读者并没有忘记它。1979年日本守屋洋翻译了它，以《孔子的思想与生涯》为书名，由德间书店出版。1986年，上海人民出版社在编辑《祖国丛书》时特意收录了它。更有意味的是，1983年某出版社出版了署名石穿的《孔子的故事》，不仅书名雷同，而且毫不掩饰地大段大段地抄袭李长之的《孔子的故事》以成书。这虽然是一桩文林丑事，却也从另一个方面显出李长之的《孔子的故事》难以磨灭的价值。

《孔子的故事》虽然只是薄薄的小册子，但在李长之的心目中，它是占有特殊位置的。李长之在书后的跋中写道：“1954年8

月1日至8月21日写毕，8月30日修改一过。1955年9月16日至9月28日，重改誊抄一过。1956年1月27日，改定。同年5月22日，再改定。"这样不厌其烦地反复推敲修改，在才气横溢、下笔千言的李长之的创作经历中是十分罕见的。这一方面反映了《孔子的故事》撰写的难度，反映了李长之的严谨和不苟；另一方面也反映了《孔子的故事》在李长之心目中的重要位置——他希望笔下的孔子的形象完美无缺，以无负于历史！1962年，头戴"右派"帽子，被剥夺了教书和创作权利的李长之又提起笔来修改《孔子的故事》，当时的上海人民出版社也应承改后再版，但终于因为众所周知的原因搁浅了。接下来的"文化大革命"使得李长之的修改稿连同修改意见一起灰飞烟灭。现在，国家昌盛，万象更新，《孔子的故事》有机会再版了，而斯人已去，给我们留下了无尽的遗憾。

记于2001年11月16日

于天池　李　书

目录

引 子

二千五百年前，也就是公元前6世纪左右，世界上几个古老的文明国家都呈现了灿烂的古代文化，一些杰出的学者和思想家就是这种灿烂文化的代表。在希腊有自发唯物论的奠基者泰勒斯(约在公元前624—前547年)[①]和辩证法的奠基者赫拉克利特(约在公元前540—前480年)[②]，在印度有佛教的创始人释迦牟尼(约生于公元前550年)，在中国有孔子(公元前551—前479年)。就中国来说，和孔子同时还先后出现了不少优秀人物，像渊博的季札，政治家晏婴、子产，思想家老子，历史家倚相、左丘明，军事家伍子胥、孙武等。

孔子出生的时期，在公元前6世纪中叶，正当中国历史上春秋

① 参看罗森塔尔、尤金编，中共中央马克思恩格斯列宁斯大林著作编译局译《简明哲学辞典》，人民出版社 1955 年版，第 409 页。

② 同上书，第 673 页。

时代(公元前722—前481年)的中期。这时的中国,社会生产力有了进一步的发展,如冶铁技术,已达到相当高的水平,公元前513年晋国用铁铸刑鼎就是一个例证;一般生产工具——农具、手工工具,大致已用铁制,由于生产工具的进步,农业、手工业有了很大发展。黄河中下游广大的土地被开垦了,森林等资源也有被开发的可能了。手工业则逐渐走向专业化。在农业和手工业发展的基础上,商业也发达起来,当时像孔子的弟子端木赐(子贡)、曾为越国上将军的范蠡,都以经商致富。随着社会经济的迅速发展,整个社会都有巨大的变革。这种变革标志着由奴隶制向封建制的过渡。

公元前6世纪时,在中原地区和淮水、汉水、太湖流域广大的地域里,分布着许多大大小小的诸侯国家,这些诸侯国家名义上是周天子的属国,其实是一些自主的或半自主的独立国。随着社会经济的发展,以各国诸侯、卿、大夫为代表的贵族,彼此为了争夺土地或劳动者,因此不断地发生兼并战争,战争的结果,许多国家灭亡了,许多贵族没落了,也有一些原来不是贵族的人,由于依附胜利的贵族而上升了。没落的贵族和原来的下层贵族以及上升的人逐渐形成了“士”这一社会阶层。这种“士”,在频繁的战争中间,在各种军事、外交、政治活动中间,获得了广泛的施展才能的机会。他们在当时中国社会由奴隶制向封建制的转化过程中,曾起了相当大的推动作用,而孔子,正是“士”这一阶层的最早的重要代表人物。

在这以前的文化是被贵族垄断的,但在社会剧烈变动、阶级关系发生新的变化时,这种垄断情况就要被迫改变了。没落的贵族和原来的下层贵族在这一改变中就起了桥梁作用。他们顺应了广大人民学习文化、学术和各方面知识的迫切需要，开创了私人教授学生、传播文化的新教育制度。孔子就是在这种社会条件下产生的卓越的教育家。

当然，孔子不仅是个教育家，他还是个思想家。孔子是儒家的创始人，他有一套虽不周密而相当完整的思想体系和政治见解。孔子思想中最光辉的一点，是提倡“仁”，仁就是“爱人”，这反映了当时社会的现实，反映了由于奴隶制的渐趋瓦解而产生的当时庶人（广大人民）的抬头。孔子首先把文化知识普及到人民中间去，就是这种现实以及反映这种现实的人道精神的具体表现。这是孔子进步的一面。但是，孔子又主张用“礼”来制约“仁”，同时主张礼教、礼治，这就是说，孔子主张人跟人还是要按一定的等级、一定的规矩相处，也就是他说的：君要像个君，臣要像个臣，父要像个父，子要像个子，所以他说的仁——爱人，便又被等级秩序削弱了。在这一点上，孔子终于没有完全突破阶级限制，终于没有突破旧的思想意识的限制，终于没有突破那时社会还处在过渡期的最初阶段的历史限制。在对当前的政治态度上，也有类似情况。孔子对当时各国诸侯、大夫的互相兼并很不满意，他主张天下和平统一，这是符合当时人民愿望的，也是符合中国后来成为一个大的封建国家的历史要求的；但是他所主张的统一，是要像西周初期那样，在以周天子为首的旧贵族统治下的统一，这就虽然含有新的因素而终于和当时社会变革的现实相矛盾，这也就是孔子在当时不能不碰壁，政治活动不能不失败的根本原因。进步和落后，改革和妥协，孔子兼而有之。这是孔子的矛盾，也是时代的矛盾。

尽管如此，孔子能够提出“仁”，而且能够普及文化知识，在教育事业上有很大的贡献，其进步的一面还是主要的。源远而流长的中国文化，孔子正是最早的、最重要的一个传播者。

一、没落的贵族和孤苦的幼年

孔子的祖先原是宋国（在现在河南、江苏交界的地方）的贵族，如果再往远里说，他们还是殷代贵族的后代。孔子在临死的时候也曾说自己是殷人呢。

但是，到了孔子的前三四代，由于宋国统治集团的内部倾轧而逃到鲁国（在现在山东东南部、江苏西北部）避难的时候，这贵族的世家是日渐没落了。

孔子的父亲叫纥，字叔梁，是鲁国一个职位不大的武官，他很有力气。有一次，几个诸侯国家去攻打一个叫偪阳（在现在山东峄县南）的小国，鲁国也参加了。孔纥就在鲁国的军队中。当他们攻入偪阳城的时候，守城的人把一种闸门放了下来，先入城的队伍眼看就被隔断在城里了，这时孔纥却用双手把闸门一掀，掀起来了，先入城的军队才得以完全退出来。这事发生在公元前563年，离孔子出生还有十二年呐[①]。又有一次，孔纥和其他两个鲁国将

① 见《左传》襄公十年。

领，率领三百武士，打退了齐国的侵扰。这事发生在公元前556年，离孔子出生只有五年[①]。这就是我们所仅仅知道的关于孔子父亲的事迹了。

孔子的母亲姓颜，叫徵在。当孔纥和她结婚的时候，她还很年轻，可是孔纥已经上了岁数了[②]。他们的结婚是没有经过当时社会上所通行的完备手续的，因此遭到了社会上的奚落。

孔纥和颜徵在很希望得到一个儿子，他们曾在曲阜东南的尼丘山上祷告过。后来他们生了一个男孩，便给这孩子取名叫丘，别名仲尼。这就是后人习惯上尊称的孔子。“仲”是老二的意思，这说明孔纥在和颜徵在结婚以前有过妻子，而且有过一个儿子了。

孔子生的这一年是公元前551年——周灵王二十一年，鲁襄公二十二年[③]，距现在有二千五百多年的光景。

孔子父母的结合既不十分符合当时的礼制，而当时的礼制又特别沉重地约束着妇女，所以孔子的母亲过着不很称心的日子。孔子也就从小时候起，多懂得了一些人的脸色，多感受到了一些人情的冷暖，于是养成一个谨慎小心的性格，很敏感，很善于应付人，并习惯于遇事有所思索，总之，有点早熟吧。当然，由于孔子后来不断地锻炼，他并没有因此而流入孤僻和冷酷。

---

① 见《左传》襄公十七年。

② 见《史记·孔子世家》，张守节《史记正义》。

③ 孔子生年有二说，一为《春秋公羊传》《谷梁传》，说生于鲁襄公二十一年（即公元前 552 年），一为《史记·孔子世家》，说生于鲁襄公二十二年（即公元前 551 年）。二说都有支持的学者，有两千年的辩论历史，兹依杜预、郑樵、朱熹、阎若璩、崔适等说，采取《史记》的说法。

可是不幸的是，孔子只有三岁[①]，父亲孔纥便亡故了。他母亲因为舆论的压迫，连丈夫埋葬的地方也一直没有告诉过孔子。那时，他家正从陬邑（在现在的山东泗水县东南）移居到鲁国的国都曲阜。

孔子小时候得不到什么合适的玩具，他只是爱模仿祭祀，摆上小盘小碗，学着行礼玩儿。这就是他常做的也几乎是唯一的游戏了。

---

① 见《孔子家语·本姓解》。

二、孔子幼年时代的鲁国文化空气

在孔子八岁的时候，吴国那个不肯接受王位的公子季札出使各地，到了鲁国。

季札在鲁国有机会听到鲁国所特别保存着的较完备的周朝乐歌[1]。那些乐歌大部分保留在现存的《诗经》里，连次序也和现存《诗经》中的大致相符。这说明鲁国有比较完备的文化遗产。

季札是一个博学而有艺术修养的人，他对于听到的乐歌都有中肯的、深刻的批评。他听到《周南》《召南》两部分乐歌时就说："真好呵，这反映出周代建国的基础已经有了，只是还有点草创的光景。其中表现着勤劳，可是没有怨意。"以后又听到郑地（在现在的河南新郑县）的民歌，他对于郑地民歌的批评是："这种音乐为什么这么细弱？很有享乐的气氛。——这个小国有些危险了。"又

---

① 见《左传》襄公二十九年；《史记·吴太伯世家》。

延陵季子像

季札画像，出自《三才图会》，明·王圻、王思义撰辑，明万历三十七年（1609）刻本。

周公画像，出自《三才图会》。

往下,便听到齐国(在现在的山东中部和东部)民歌,他很满意,说:“很舒缓,很深远,真是大国的气派,这个国家的前途是不可限量呵。”再往下,是豳地民歌,秦国民歌,魏、唐二地民歌。他说:“豳地的民歌,愉快而不淫荡。秦国民歌还保持周朝原先的歌调。魏、唐两处的民歌,反映了俭朴而有远虑的习俗。”[①]郐地以下的民歌,他是不满意的,但因为身为外交使臣,就不好意思多加批评了。

他又听了宫廷音乐《小雅》和《大雅》,也顺便夸奖了几句。他在鲁国,除了周代音乐以外,还见识到了前代的音乐歌舞。他最满意的是相传为大舜乐歌的《韶》,这种音乐的乐器主要是箫。他说:“我已经听到并看到最好的了,再有其他音乐,我也不想享受了。”后来孔子也是很欣赏《韶》乐的。

季札是中国历史上有记载的第一个文艺批评家。就《诗经》说,他乃是第一个予以系统的批评的人。

当季札到鲁国的时候,孔子还很小,说不上立刻受到什么影响,但是后来孔子长大了,他是很佩服这个先辈的。孔子后来对诗歌的批评,也曾采取过季札批评豳地民歌“愉快而不淫荡”的见解而加以应用。孔子在晚年曾经系统地整理过《诗经》的乐歌,无疑是在这种重视音乐的气氛中得到了鼓舞,同时又是在鲁国特别保有这些文化遗产的条件下展开了工作的。

---

① 魏、唐地近,所以这里一并叙述。《史记》称“俭而易”,《左传》作“险而易”。杜预注谓“险当作俭,字之误也”。可见《史记》是对的,而且这样也是符合现在所见《魏风》的内容的。

鲁国虽然是个小国,但文化遗产却是很丰富的。并且不只在这时吴国季札所见到的是如此,就是过了三年,晋国使臣韩宣子到鲁国时,也因为见到鲁国所保存的哲学书《易象》和鲁国的史书《春秋》而恍然大悟似的说:“周代的政治法律都保存在鲁国了,现在我才明白周公的本领以及周朝所以兴起的缘故了。”[1]

孔子所生长的鲁国的文化空气就是如此。

① 见《左传》昭公二年。原文:“周礼尽在鲁矣。”古代礼包括广义的法,所以译为政治法律。

三、在挫折中前进

孔子慢慢长大了。

因为穷困生活的磨炼，因为父亲原是体格很好的，所以孔子身子也很健壮，这是他日后所以能经受得起各种困难，而精力始终充沛的缘故之一。

孔子是有志气的。据他的自述，他在十五岁已经立下了要好好学习各种知识和本领的志愿[①]。

孔子在十七岁上，死了母亲[②]。依照当时的习俗，母亲是应该和父亲合葬的。可是孔子不知道父亲葬在哪儿，他于是把母亲的棺材暂且停在一条叫"五父之衢"的街上。"五父"是五个老人的意思，"衢"就是街，如果是现在的北京街名，大概就叫什么"五老胡

---

① 见《论语·为政》篇，第四章。

②《史记·孔子世家》："孔子年十七"，实属上段"季氏养士"，故知孔子十七丧母。而孟僖子一段是另一时事。

同"了吧。

这时一位老太太——一个名叫曼父的人的母亲——便走来指点给孔子说:"你父亲葬的地方我知道哇，那地方叫防。""防"是指防山,在现在山东曲阜县东面,孔子因此才知道了父亲的坟地,便把母亲也葬在一起。

孔子这时还是一个少不更事的青年,虽然小心谨慎,但人事经验是不多的。他单纯地想到有机会就该出一出头,同时他也觉得自己已经有一些本领了。有一次,鲁国的贵族季氏欢宴名流,这位十七岁的居丧的孔子便穿着孝服跑去了①。季氏的家臣阳虎向他喝道:"我们请的是有地位的人,并不招待叫花子。你走吧!"孔子便只好退了下来。

经过这一番挫折,孔子更发愤了。

过了三四年,他的道德修养和各种才能,一天比一天进步,虽然年轻,却已出了名。他在十九岁结了婚,二十岁得了一个儿子②。鲁国的国君昭公向他道喜,特地送了一条大鲤鱼来。孔子为了纪念这桩事,便给孩子取了个名字叫鲤,字伯鱼。"伯"是老大的意思，因为这是孔子的第一个儿子呵。——可是孔子也只有这一个儿子。

由于刻苦学习,孔子逐渐成了博学多能的人。在他住宅的附近有一条街叫达巷,达巷里的一个老百姓就这样说过:"孔子这么

---

① 《史记·孔子世家》:"孔子要绖。"绖是丧服所用的麻,可见"要绖"就是腰里束着麻带。但以前有人认为是"要经",说孔子腰里带着经书,表示好学,这种说法反而显得牵强可笑了。

② 见《孔子家语·本姓解》。

渊博，他会的玩意儿我们简直叫不上名堂来。”孔子听见了，便谦虚地说：“我会什么呀？我会赶车罢了。”[1]原来在这时有六种本领是一个全才的人必须具备的，这就是：礼节、音乐、射箭、赶车、识字、计算。在这六种本领里头，赶车是被认为最低下的，所以谦虚的孔子只承认了这一桩。

孔子后来曾经告诉他的门徒说：“我往日没有得到从政的机会，可是我因此有了学会各种本领的工夫。”[2]

孔子大概在二十六七岁的时候，才做了一两回小官。他担任的不是行政官，而是做一些具体的工作。一回是当“乘田”，这是管牛羊的官，孔子说：“叫我管牛羊，我就要把牛羊养得肥肥大大的。”果然他养的牛羊都很肥壮。另一回是当“委吏”，这是一种会计工作，孔子说：“叫我管会计，我就要让账上不会出错儿。”果然他管的账都是一点岔儿也没有[3]。他在青年时期工作就是这样踏实，这样负责的。

在孔子三十岁这一年——公元前522年，执政二十年以上的郑国大夫子产逝世了。子产是使郑国秩序得到安定的人，是使郑国虽处在晋、楚两大国之间而外交上常常获得胜利的人。子产是十分博学的，他也熟悉当时的诗歌，并且善于组织人才、使用人才。他决定国家大事的时候，一般是先向熟悉各国情况的公孙挥探询一番，再同善于出计谋的裨谌到郊外去一起研究，同时征求

---

① 见《论语·子罕》篇，第二章。
② 同上书，第七章。
③ 见《孟子·万章》下，第五章。《先秦诸子系年》谓当在二十七岁前。

子产画像，出自《三才图会》。

一下老百姓的意见，然后又请善于判断的冯简子加以决断，最后才让长于外交的游吉去办外交。因为经过这样审慎的步骤，所以子产执行的政策便很少失败了[1]。郑国在公元前536年，即孔子十六岁时，把刑书铸在金属制的鼎上[2]，这是中国有记录的、最早的成文法，这是子产在法律上的一个贡献。子产最初执政的时候，郑国流传着这样一首歌：

提倡节俭，提倡节俭，
人有好衣服也不能穿；
整顿军事，整顿军事，
人要种地也没法子干；
谁杀子产，
我们心甘情愿！

可是过了三年，便流传了另一首歌：

我们子女，
是子产教育；
我们田地，
是子产开辟；
子产可别死！

---

① 见《左传》襄公三十一年。
② 见《左传》昭公六年。过了二十三年，即公元前 513 年，晋国也铸了刑鼎。

死了谁继续？[1]

子产一死，郑国人便都哭了。孔子听见这消息，也哭了。孔子称赞子产是对人们有着惠爱的人[2]。在思想上，子产也是比较开明的。郑国有了火灾，别人都说要去求神，但是他说："天的道理是渺茫的，人的道理是切近的，我们是讲人不讲天的。"[3]郑国有了水灾，又有人以为是龙神作怪，但是他说："我们无求于龙，龙也无求于我们，不相干的。"[4]这种开明思想在当时原是一般有头脑的人都抱有的，这是社会发展的结果，子产正是一个代表人物；而孔子的一些健康的见解，正无疑是由于受到这种思想的影响，并在同一社会基础上产生的。

---

① 见《左传》襄公三十年。

② 《论语·宪问》篇第九章载孔子称子产为"惠人"，《左传》昭公二十年载孔子称子产为"古之遗爱"，意同。

③ 见《左传》昭公十八年。

④ 见《左传》昭公十九年。

四、教育事业的开端

孔子博学的名气越来越大，有很多人愿意把孩子送来给他做门徒。孔子后来曾说：“我到了三十岁的时候，仿佛对任何事都有个主意了。”[①]就在孔子三十岁左右吧，他有了第一批弟子。其中包括孔子后来的著名弟子颜渊的父亲颜路、曾参的父亲曾点。

孔子另一个著名弟子子路，也是属于这第一批门徒中的。子路只比孔子小九岁[②]，开始接受孔子的教育时大约二十一二岁。子路那时喜欢把公鸡毛插在帽子上，把雄猪的皮装在宝剑上，为的是表示英武[③]。他欺凌过孔子，但孔子雍容的态度终于折服了他，他于是诚心诚意地做了孔子的学生。子路是一个坦白直爽、忠实可靠的人。他后来跟随孔子差不多有四十年，他是对孔子事业最

---

① 见《论语·为政》篇，第四章。
② 见《史记·仲尼弟子列传》。
③ 见《史记·仲尼弟子列传》；《庄子·盗跖》篇。

仲由(字子路)画像,出自《至圣先贤半身像册》。

热心的支持的人之一，同时也是和孔子最没有师生距离的门徒之一。

孔子和他的弟子们多半是属于“士”这一社会阶层的。孔子是第一个把贵族所垄断的文化教育普及给一般人的人。当时的社会条件也已经容许他这样做，并且要求他这样做。孔子曾说：“只要谁拿十条干肉来作入学礼，我没有不教他的。”[①]自然，能备得起十条干肉的，绝不是最穷的人，所以能够获得教育的人，还是有一定的限制的。但是比起以往来，这就是个大进步了。

自然，贵族中也有送子弟来求学的，比如鲁国大夫孟僖子临死时就曾嘱咐他的两个儿子说：“孔丘是圣人（指商汤）的后代。他的六世祖孔父嘉在宋国被一个叫华督的大将杀了，他的五世祖才迁到鲁国来。孔父嘉的高祖父是弗父何，弗父何的父亲就是宋国的国君宋愍公。弗父何是大儿子，本来有资格继位的，可是他让给了弟弟宋厉公。弗父何的曾孙正考父，曾经辅佐过宋戴公、宋武公、宋宣公三朝。可是他地位越高，却越谦恭。孔丘的祖先是有美德的。现在孔丘年纪不大，就懂得这么多事情，并且熟悉礼节，恐怕又要出圣人了吧。我是眼看要死的人了，我死了，你们一定要拜他做老师呵。”[②]他的两个儿子孟懿子和南宫敬叔后来果然做了孔子的弟子。这时孔子三十四岁了[③]。但是孔子门徒中像这样的贵族子弟究竟还不是多数。

---

① 见《论语·述而》篇，第七章。

② 见《左传》昭公七年；《庄子·列御寇》篇。

③ 孟僖子死在公元前518年，即鲁昭公二十四年，这年孔子三十四岁。

五、孔子和老子的会见

南宫敬叔做了孔子的弟子以后，曾向鲁昭公建议派他和孔子一块儿到周的京城洛阳去观光。鲁昭公答应了，便给他们一辆车子，两匹马，还派了一个仆人，打发他们到洛阳去。

好学的孔子觉得这是一个好机会，因为历史悠久的京城洛阳有丰富的文化宝藏，而且大思想家老子也在那里。老子这时担任保管文物的工作，职位相当于现在的图书馆馆长或历史博物院院长①。

老子听说孔子来了，便套上车，到郊外去迎接，又叫他的僮仆把路打扫干净。孔子也依照当时的礼节，从自己车上下来，把作为见面礼的大雁捧着，送给了老子②。

---

① 《史记·老子韩非列传》作"周守藏室之史"，司马贞《索隐》以为即"周藏书室之史"。

② 参考汉武梁祠画像，并依照宋洪适《隶续》对此图的解释。

老子

老子画像，出自《古先君臣图鉴》，明刻本。

老子比孔子年纪大得多，经验阅历也丰富得多，他所接触的文物史料也远比孔子这时所接触到的广博得多。因此，这一次会见，对孔子是极其有益的。这时孔子还在壮年，在求知和修养方面，积极和热情有余，但是还不免有些急躁、粗枝大叶，仿佛还需要更阔大的胸襟，需要在精神内容上更加丰富一些，还需要从更高的眼界对自己所已获得的学识技能加一番审量。而在这些方面，老子恰是有资格对孔子有所助益的。从老子方面来说，他似乎缺乏孔子那样的积极和热情，好像缺少什么朝气似的，但是和孔子的精神凑合起来，却可以构成一种宝贵的东西了。老子和孔子都是中国文化史上极其杰出的人物，他们的会见是灿烂的古代文化史上饶有意义的一页。

孔子向老子请教了很多东西，甚至就是孔子所熟悉的礼数方面，也证明老子比他懂得多。例如出丧的时候逢见日食怎么办，小孩子死了该葬到近处还是远处，国家有丧事的时候不避战争对不对，战争的时候应该把已死的国王的牌位带着还是不带，等等，老子都根据事实和情理给孔子做了明确的解答[①]。老子也深深器重像孔子这样一个虚心求知的人。

孔子在洛阳住了几天，要离开了。老子依依不舍地给他送行，并且根据自己的处世态度，告诉他道："我听说，有钱的人给人送行的时候是送钱，有道德有学问的人给人送行的时候是赠几句话。我没有钱，姑且冒充一下有道德有学问的人，送你几句话吧。

---

① 见《礼记·曾子问》篇，第十六章、第三十三章、第三十五章。

第一，你所钻研的，多半是古人的东西。可是古人已经死了，连骨头也烂了，不过剩下那么几句话。你不能把那些话看得太死。第二，有道德有学问的人，生的是时候呢，固然应该出门坐坐车，阔绰一下；如果生的不是时候，只要过得去，也就算了。第三，我听说有句老话，会做买卖的都不把东西摆在外面，有极高的道德的人都是很朴实的。你应该去掉骄傲，去掉很多的贪恋，去掉一些架子，去掉一些妄想，这对你都是没有好处的。一切事不要太任自己的性，这样在家庭也不合适，在朝廷也不合适。我要告诉你的，就是这些话了。”[①]

孔子深深地玩味了老子的叮嘱，怀着感激的心情离开了洛阳。孔子回到鲁国，见到自己的弟子，还不住地赞美老子说：“鸟，我知道它会飞，可是会飞的还常被人射下来。鱼，我知道它会游水，可是会游水的还常被人钓起来。兽，我知道它会走，可是会走的还常落了网。只有一种东西，我们不能控制它，它爱云里来就云里来，它爱风里去就风里去，它爱上天就上天，这就是传说中的龙。我没法捉摸老子这个人，老子就像龙一样吧。”[②]

---

① 《史记·孔子世家》中老子语和《史记·老子韩非列传》中老子语详略不同，现在综合译述。

② 见《庄子·天运》篇；《史记·老子韩非列传》。

六、走向成熟的道路

孔子自从见过老子以后，他自己过去一些偏于主观的做法是有意识地减少了一些了，他遇事也更能冷静地分析了，加上他原有的勤勉和热情，就使得他更为人们所钦敬了。于是他的弟子多起来，而且还有远地来的。

他曾从容地和门徒们说："学会的东西，时常去温习，不是很有乐趣么？很多志同道合的朋友老远地来讲究学问，不是叫人很高兴么？自己有本领，可是没有什么人知道，但也没有什么不愉快，这不是有涵养的人么？"[①]这就是他这一时期的心情。这就是他从孤苦伶仃的童年起，经过挫折，经过自我教育，学习了一些本领，经过实际生活的一些锻炼，又接触了有阅历的先辈老子，自己已经从事着教育事业，同时对于从政又有一些希冀时的孔子的心

① 见《论语·学而》篇，第一章。《集解》引包咸注："同门曰朋"；宋翔凤《朴学斋札记》："朋即指弟子。"所以把这段话放在孔子弟子增多了的时候叙述。

情。孔子这时还不到三十五岁。

虽然他说人家不知道自己有本领也能沉住气，但想施展自己的本领——特别是政治方面的所谓抱负，作为“士”这个阶层的代表人物的孔子，却还是跃跃欲试的。他曾说：“不愁没有地位，愁的是自己没有成套的东西；不愁人家不知道，只要自己有了成套的东西，自然会有人知道呵。”[1]也就是这种心理的表现。这种心理使他在一生中浪费了很多有用的光阴和精力，使他和人民之间逐渐有了距离，也给他带来了不少苦恼。直到经过很长的一段时间，孔子这种心理才多少有些扭转。

---

① 见《论语·里仁》篇，第十四章。

七、孔子在齐国政治活动的失败

公元前517年，孔子到了齐国，这是他生平第一次有记录的政治活动。齐国原是东方大国，疆土在现在的山东中部和东部一带，土地肥沃，农业发达，并富有鱼盐之利，在齐桓公时代（公元前685—前643年），又经过杰出的政治家管仲整顿国政，成了春秋时期的一等大国。这时是齐景公统治的时代，也是大政治家晏婴活跃的时代，国家安定而强盛。孔子希望在齐国做一番事业，是有现实根据的。然而事情不是那么顺利。

孔子何以不留在鲁国而跑到齐国去呢？这固然由于齐国的局面好像大有可为，同时也由于鲁国发生了政变。

原来鲁国有三家有势力的贵族，一是孟孙氏，就是孟懿子南宫敬叔他们那一家；二是叔孙氏；三是季孙氏，就是孔子年轻时穿了孝服赶去吃饭的那一家。这三家贵族原是鲁桓公的子孙，所以又称为“三桓”。三家之中，季孙氏势力最大，这时季孙氏的季平子专政，鲁君昭公很讨厌他。恰巧季平子和另一贵族郈昭伯因斗鸡

管仲画像，出自《三才图会》。

发生纠纷，原来季家的鸡翅膀上加了芥末，为的是迷对方的鸡的眼睛，但郈家的鸡爪子上却带了锋利的金属，季平子见郈昭伯不肯退让，便强占了郈家的封地，郈昭伯于是向鲁昭公诉冤，鲁昭公以此为借口，讨伐了季平子。季平子联合孟孙氏、叔孙氏，进行反击，鲁昭公失败了，鲁昭公逃到齐国。齐国把他安置在郓城（在现在的山东郓城县东），郓城是齐国从鲁国夺去的地方[①]。——鲁昭公便在齐国住了下去。鲁国陷入混乱中。

对于"三桓"的擅权，孔子本来是不满意的，现在鲁昭公也被"三桓"驱逐出国，他实在看不下去，便也离开鲁国，到齐国去试一下。

据说齐景公在五年前（公元前522年）到鲁国的时候就见过孔子。那时齐景公曾问孔子："从前秦穆公国又不大，地方又偏僻，可是为什么能称霸一方呢？"孔子当时回答说："秦国国家虽然小，可是他们的人志气大；地方虽然偏僻，可是他们的人行起事儿来正当。秦穆公又会用人，曾看中了喂牛的百里奚，和他谈了三天话，便能信任他，叫他执政。像秦穆公这样的做法，统治全中国也是够格的；称霸一方，还只能算是小成就呢。"齐景公听了很满意[②]。因此孔子心里有了底儿，以为到齐国可以做百里奚第二。

依照当时从事政治活动的方式，要去投效一个国君，得找一点门路。哪怕孔子已经见过齐景公，齐景公对孔子的印象也很好，

---

① 见《左传》昭公二十五年。

② 《史记·孔子世家》有孔子年三十与齐景公对话事，《史记·齐太公世家》有齐景公于此年入鲁问礼事，但《左传》没有记载。我认为司马迁既然两次记齐景公此年入鲁，应当有所根据。

但如果不打通齐景公的亲信，也还是难以掌握到实权的。虽然有百里奚那样的传说，但这究竟只是一般“士”所乐道的美谈罢了，当时社会的现实不是那样的。因此，孔子先当了齐景公的亲信高昭子的家臣。

高昭子果然替孔子在齐景公跟前说了些好话。于是齐景公向孔子请教政治的大道理。孔子说：“君王要像君王，臣子要像臣子，父亲要像父亲，儿子要像儿子。”意思是要维持社会上的统治秩序，各人要按其名分办事，用孔子自己的话讲，这就叫“正名”。他后来在长期间内也还是这样主张的。这说法无疑是对统治者有利的，尤其在阶级矛盾渐趋剧烈的时候，就更合统治者的口味了。所以齐景公听了，便高兴地说：“对呀，如果君王不像君王，臣子不像臣子，父亲不像父亲，儿子不像儿子，那么，我就是有的是米，还能吃得成饭么？”①

过了几天，齐景公又问孔子政治上最迫切的问题是什么。孔子看准了齐国当时最大的毛病是奢侈浪费，于是说：“问题在于节约。”②当然，孔子的节约主张是不彻底的，因为孔子终究讲排场。但齐景公听了还是表示满意，这大概因为齐国当时实在奢侈得不像话了吧。这时，齐景公想把尼谿地方的田地封给孔子。

可是齐国的执政大臣、老政治家晏婴，是不赞成孔子所讲究的那一套礼数的，他便向齐景公说：“这班新兴起来的‘儒’（也就是士），他们只会说漂亮话，不能受约束；他们很骄傲，很自以为

---

① 见《论语·颜渊》篇，第十一章。
② 见《韩非子·难三》篇。

是，不肯俯就别人。治丧主张铺张，埋葬不惜倾家荡产，这种风气也要不得。他们靠着游说、当食客过日子，国家能依赖这些游民么？自从周朝衰落以来，不见出过什么贤人，过去的礼节乐章也好久没有人弄得明白了。现在孔子就专讲究这一套。怎么见人，怎么走路，穿戴什么，甚而摆什么面孔，烦琐得要命。多少年也学不完，一辈子也搞不清。您如果让他在齐国实行起来，恐怕解决不了什么最急切的问题的。”①

因为这话说中了孔子的主要毛病，齐景公动摇了。以后齐景公再见孔子的时候，便不再向他请教大道理，不过表面上还很客气罢了。

过了一些时候，齐景公才对孔子说：“如果像鲁国对待季氏那样，拿有权的上卿地位给你，我做不到；如果像鲁国对待孟氏那样，拿无权的下卿地位给你，我也不肯。那么，我待你在季氏、孟氏之间吧。”②

这话自然是冷淡孔子的。而且齐国的贵族也怕孔子真正在齐国当权，便都想陷害他，孔子是有些风闻了。

齐景公终于向孔子点破：“我老了，精力不济，不能任用你来图谋改革了。”

孔子听了，便只好收拾行李，干脆离开了齐国。

---

① 见《墨子·非儒》篇；《晏子春秋》外篇第八。晏婴虽然和墨翟出身不同，但他节用的主张，却是墨翟赞成的，所以就思想渊源上说，晏婴思想可认为墨家部分思想的先驱。后来儒、墨两派的对立，可以在晏婴和孔子的主张不同上反映出他们最早的分歧来。

② 见《论语·微子》篇，第三章。

八、孔子在齐国的收获和影响

孔子在齐国的政治活动失败了。孔子只看到在齐国很可以做一番事业的一面，但没考虑到另一面：齐国的执政者晏婴在政治主张上恰是和自己敌对的。孔子的主张也和齐国贵族有矛盾，而他所看重的那一套烦琐礼节也是不现实的，所以失败是当然的。

但是孔子这时在艺术修养上却进了一步。这就是他在齐国宫廷里听到了虞舜的古乐，所谓《韶》乐。他不但听了，而且用心学习了一番。他学得这样专心，有三个月连肉的滋味也不知道了。孔子自己在这时也说："我没想到我当时是这样地被吸引到音乐里去了。"①

孔子在齐国耽搁了一个时期，他的好学给了齐国老百姓很好的印象；齐国的统治者虽然不能用他，却认识到如果孔子回到鲁

---

① 见《论语·述而》篇，第十四章。

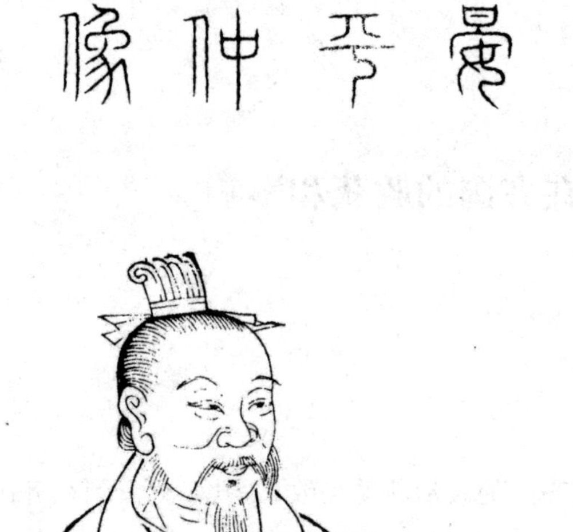

晏婴画像，出自《古圣贤像传略》，清·顾沅辑录，孔莲卿绘，清道光十年(1830)刻本。

国并且在鲁国执政，就会增加鲁国的力量，有点不大放心。

虚心的孔子在接触了晏婴之后，对晏婴却很敬重，他佩服晏婴一件狐皮袍子穿三十年的俭朴作风[①]，他也发现晏婴善于交友，对老朋友能够始终保持着礼貌[②]。

孔子在齐国大概住了三年的光景。他出国时三十五岁，回国时三十七岁了。鲁国依然很混乱。逃到齐国的鲁昭公曾经想借齐国和宋国的力量回国复位，但季氏却依靠晋国的势力，始终拒绝接纳鲁昭公。孔子仍旧没有从政的机会。

在这一年，吴国发生了政变，这就是有名的“鱼藏剑”的故事。原来吴王寿梦有四个儿子，第四个儿子最贤，他就是前面说过的那个季札。寿梦想传位给他，可是他不肯接受，于是传给了大儿子。老大还想让给老四，季札还是不肯。后来老大死时便传给老二，想这样兄弟相传，终会传到老四。可是老二、老三先后去世，季札又躲开了。于是老三的儿子继了位，这就是吴王僚。季札是这样的谦让，可是老大的儿子光不服气，便派刺客专诸扮作厨子，在一次宴会中，专诸把短剑藏在烧好的鱼里，在上菜的时候把吴王僚刺杀了。光就夺取了王位，这就是吴王阖庐。

这时，季札赶了回来，但他不是回来争王位的，而是为了吊祭已死的吴王僚——他的侄儿。然后，他便住到自己的封地延陵(现在的江苏武进县)去，以后再也不出来了。

---

① 见《礼记·檀弓》下，第二十三节。原为有若与曾子讨论时谈及，曾子是赞成晏婴这种行为的，可能即从孔子那里听来。

② 见《论语·公冶长》篇，第十七章。

有关季札的故事是很多的。还有一个故事说明他对人很讲信义。当他出使各国的时候，经过徐国（在现在的安徽泗县北），徐国国君很喜欢季札佩带的宝剑，但是不好意思开口。季札却看出来了，只是因为一个使臣是不能不佩剑的，当时便也没有什么表示，可是已经拿定主意当出使完毕时便把剑送给他。后来季札回来又经过徐国，徐国国君却亡故了。季札便把宝剑解下，挂在徐国国君坟旁的树上。别人说："人已经死了，你这宝剑还送给谁呢？"季札答道："话不是这样说，我心里曾许过他呵。难道因为他死了就变了心么？"后来当地便流行这么个歌：

延陵季子呵，
他真念旧；
宝剑值千金呵，
他挂在坟丘。①

孔子对这样一个人物是十分敬重的，后来季札死了，孔子还给他题了墓碑。这块碑上的字，据说是唯一的被保存下来的孔子的书法。

在孔子三十九岁这一年，晋国铸了铁的刑鼎。这是郑国铸刑书以后第二十三年的事。这说明当时铸铁技术已经相当进步，也说明生产力有了进一步的提高，为当时阶级剥削提供了更高的物

① 见《新序·节士》篇。

质基础。因此,当时各国的阶级矛盾,也就进一步地加深。在社会变动中的“士”的地位,这时越来越重要了。

这时孔子在学问上又有了进境。他说:“我到了四十岁,就心里更亮堂,什么话也迷惑不住我了。”[1]

孔子在等待着再度从事政治活动的机会。

---

① 见《论语·为政》篇,第四章。

九、孔子在混乱的鲁国中的寂寞

流亡在齐国的鲁昭公，在齐国受尽了气，终于于公元前510年死在国外。这一年孔子四十二岁了。鲁昭公的弟弟被立为鲁君，这就是鲁定公。

过了五年，把持鲁国国政的季平子死了，他的继承人是季桓子。季氏依然大权在握。

正如季桓子常要威胁鲁定公一样，季桓子的一些得势家臣也威胁着季桓子。同时这些家臣也彼此摩擦，都想吃独份儿，消灭同列的竞争者，夺取更多的权益，这几乎是那时从各国的诸侯一直到卿大夫及其家臣的共同做法。

季桓子这时有势力的家臣是：仲梁怀、阳虎和公山不狃。先是仲梁怀和阳虎发生冲突，阳虎想驱逐仲梁怀，公山不狃出来做了和事佬。但因此仲梁怀的气焰大了起来，阳虎就把他囚禁了。季桓子出来干涉，阳虎把季桓子也囚禁了，直到季桓子认了输才被放出来[1]。

这样阳虎就挟制住季桓子,而季桓子则挟制着鲁定公。孔子对这情形很看不惯,所以就不愿意出来做事。

季桓子底下的三个有势力人物,仲梁怀既被阳虎压服,就只剩下阳虎和公山不狃。公山不狃联合阳虎,想把“三桓”的继承人更换,换上接近阳虎的人,这样就可以更方便地操纵“三桓”了。阳虎又把季桓子逮捕起来,并要杀掉他,但季桓子想办法逃掉了。阳虎却终于在军事上失败,逃往齐国[2]。

季桓子底下只剩下公山不狃一个有势力的家臣了。公山不狃就在公元前501年占据了鲁国的费城(现在的山东费县),想以此为根据地来反抗季桓子。

公山不狃打发人来请孔子,因为他晓得孔子是讨厌季家的专横的;同时孔子是既有声望又有本领的人,请到孔子也可以壮一壮声势。孔子呢,寂寞了好久,一直没得到施展抱负的机会,他又是熟悉历史的,想到从前周文王、周武王就曾以西北一块小地方丰(在现在的陕西户县东)镐(在现在陕西西安市西南)做根据地统一了北中国,他是不是也可以将费城做根据地大搞一下呢?他心里有些活动了。

可是孔子的弟子们有的就奇怪他这太热心的态度了。他的最年长的弟子子路便首先表示不高兴。他觉得老师天天讲“君王要像君王,臣子要像臣子”,正因为不赞成季氏的专横才不出来做

---

① 见《左传》定公五年。
② 见《左传》定公八年、九年。

周文王(左)、周武王(右)画像,出自《三才图会》。

事，现在公山不狃这不是要犯上作乱么？为什么反而要去帮他的忙呢？

孔子解释道："他们请我，难道是叫我白跑一趟么？我也不是随便就去的呵。真的有人用我，我是想建设一个新的东周王朝呵！"①

子路等才没有话说。

可是孔子心里也是矛盾的，他到底冲不破他那维持现状的保守思想，下不了决心，所以也终于没有去。孔子这时便解嘲似的说："我五十岁了，事情成不成是命呵。"命是一种迷信说法，孔子到无可奈何的时候，就常提起命。

---

① 见《论语·阳货》篇，第四章。

十、孔子继续从事教育事业

孔子定下心来，还是把全副精神放在教育事业上。

孔子经常和弟子谈的道理是“仁”。仁主要就是要爱别人的意思，这反映了当时庶人抬头的社会现实。他在教育上的开放也是基于这种符合历史要求的思想而来的。虽然由于阶级的限制，他又主张维持等级制度的“礼”，不免对于“仁”的思想有所削弱，然而这终究是他思想中最光辉、最进步的一面。

除了讲“仁”之外，孔子又经常教导弟子学习历史，学习文艺，关心政治，以及在日常生活中养成良好的习惯等。他的高兴、苦闷、愤怒，在弟子中间没有什么隐藏。他的歌声、笑声，没有什么间断。直率而又含蓄，热情而又严肃，活泼而不失分寸，这就是孔子生活在弟子中间的形象。

孔子和人们谈话的时候，总是尊重别人的意见的，就是对弟子也是如此。这样就造成了一种气氛，如果是孔子先询问弟子的时候，弟子们也往往再征求孔子的意见，他们是彼此这样互相尊重着的。有一次，孔子向弟子们说："各人说说各人的志愿好么？"子路说："我愿意自己有好车、好马、好皮袄，和朋友们一块儿享用，就是他们用坏了，我也不抱怨。"颜渊说："我愿意自己有长处也不自满，自己有功劳也不夸耀。"这时子路便转而问孔子了："听听您老人家的志愿呐。"孔子说："我的志愿是：老的过安稳日子，朋友相信我，年轻的对我挺怀念。"[1]孔子的志愿是那样平凡，但是那样近人情，那样温暖，这就是孔子！

孔子很善于在教育上启发人，也善于尊重人们的个性，孔子在弟子中间往往因为各人爱好不同、了解事物的程度不同而说话很有分寸。

有一天，孔子的门人子路、曾皙、冉有、公西华跟孔子坐在一起[2]。他们的座次是按年龄排的：子路最大，这时有四十二岁了，坐在最前；曾皙有二十四五岁，次之；冉有二十一二岁，又次之；公西华十八九岁，最后。孔子是五十一岁。孔子首先说道："不要因为我比你们大几岁，就受了拘束。别管年纪，有话尽管谈谈。你们平日常说，没有人赏识。现在我倒要问问，如果有人赏识，你们打算怎么样呢？"

子路不假思索就抢着说："有千辆兵车的这么一个国家，受到周围大国的威胁，并且经过了兵灾，人民在闹饥荒。但是如果让我仲由去搞一通的话，只要三年，嗯，只要三年，我可以练出劲旅，并

---

① 见《论语·公冶长》篇，第二十六章。古代语言简单，又要求整齐，所以这里原文三个"之"字的意义不能同样解释。

② 以下均见《论语·先进》篇，第二十四章。

且让国内教育也很发达哩！”

孔子听了，不觉大笑[①]。

这时没有人说话了。按次序，孔子本来要问到曾皙，但曾皙还在弹琴[②]，就问到了冉有。孔子叫着冉有名字：“求呵，你怎么样呢？”

冉有见子路被老师嗤笑了，就把志愿说小了些：“我只要六七十里见方的地方，五六十里也可以。让我冉求去搞的话，三年之内，我让大家都吃上饱饭。至于文化教育，等待更有本事的人来。”

孔子这回没说什么，就又问公西华，叫着他的名字：“赤呵，该你了。”

公西华不得不更谦虚了，说：“我不能保证我能够做到，不过愿意学习学习。诸侯们在宗庙里会见的时候，我穿上端端正正的礼服，当一个小司仪就是了。”公西华本来是擅长招待宾客的，他自己觉得这是本分话，可是孔子也没有什么表示。

最后，孔子又问到曾皙，叫着他的名字：“点呢？”曾皙的琴声慢慢地缓下来了，咚的一声，终于停了。他便起身答道：“我比不上他们三人的好主意呢。”

孔子说：“那有什么关系，各人说各人的志愿罢了。”

于是曾皙说：“春天三月里，穿上轻便的衣服，和五六个同伴，六七个小朋友，到沂水去洗个澡[③]。在求雨台上再吹一下风[④]，唱着

---

① 原文“夫子哂之”，刘宝楠《论语正义》谓“哂”非微笑。

② “琴”本作“瑟”，刘宝楠据段玉裁说，古本“瑟”皆作“琴”字。

③ 原文“浴乎沂”，古人有指为祓濯于沂水的，觉求之过深，不取。

④ 原文“风乎舞雩，咏而归”，古人也有指为雩祭的，王充已有此说；但终不如“风干身”平凡而近情，故舍彼取此。

歌回来。我不希望什么别的了。”

孔子听了,大为赞叹,说:“是呵,我也正是这个主意哇!”

孔子所以说这个话,是因为:一来自从决定不参加公山不狃的起事以后,他心里反而特别平静起来;二来孔子虽然热心政治活动,但素来也有不留恋富贵的一面——所谓清高;三来孔子也不愿意轻易表露出他的政治抱负,同时也是有意教育弟子们对待政治应该谦虚谨慎。

这时子路、冉有、公西华已经依次退出,只留下曾皙了。曾皙见孔子赞许他,便觉得特别和老师谈得来,于是问孔子道:“他们三个人的话怎么样?”在曾皙这样问的时候,孔子只淡淡地回答道:“不过各人谈各人的志愿罢了。”

曾皙却不放松,就追问道:“那么,老师为什么大笑仲由呢?”孔子说:“谈政治就得讲礼节,礼节之中最要紧的是谦虚。他却说得一点也不谦虚了,所以我不能不笑他。”

曾皙又问:“冉求不谦虚么?他谈的不是国家大政吧?”孔子说:“哪里会有谈治理六七十里见方或者五六十里见方的地方的,不算夸夸其谈地谈政治呢?”

曾皙最后问:“公西赤总算谦虚了,谈的不是治国平天下了吧?”孔子说:“能在宗庙里会见的时候当司仪,不是诸侯是什么?他说是小司仪,好个小司仪,还有更大的司仪么?”

曾皙这才明白了孔子笑子路和对冉有、公西华的话没有表示什么的缘故,也明白了他对自己赞许的缘故。

孔子问弟子想做什么,这说明了孔子善于启发;从孔子答复曾皙的话里,可以看出孔子说话的分寸。总的看来,孔子和弟子的这场问答又说明了孔子怎样教育弟子们谦虚，而他们对政治仍是很热心的。这就是孔子和他的弟子们在一起生活、交谈时所常有的气氛。

孔子终于有了从政的机会了，就在这一年，他在鲁国得到了有职有权的地位。

十一、从中都宰到司寇

孔子真正从政的机会到了，公元前501年，也就是鲁定公九年，孔子五十一岁，在鲁国当了中都宰[①]。

当时鲁国比较安定了些。季桓子的内部也由于仲梁怀被压服、阳虎出走、公山不狃在费城并没搞出什么名堂来而单纯些了。鲁定公和季桓子见孔子曾想到公山不狃那里而终于没有去，于是理解到孔子想做一番事业，但又终于还是拥护鲁国的当权派的，这也就增加了对孔子的信赖。这就是孔子能够出来从政的原因。孔子当中都宰是在阳虎失败出走和公山不狃在费城举事之后，这就不是偶然的了。

中都宰大概相当于现在的首都市长。孔子做了一年中都宰就很有成绩，当时西方各国都想学孔子的治理方法[②]。

---

① 孔子仕鲁之年，据清人江永考证，在定公九年。

② 《史记·孔子世家》作“四方皆则之”，《孔子家语·相鲁》篇作“西方之诸侯则焉”，兹从家语。

于是孔子由中都宰升为司空，司空仿佛是后来管建设工程的首长；又由司空而为司寇[1]，司寇是管司法方面的首长。孔子现在是真正参与政治了。

孔子现在在鲁国做了官儿，但他在一般老乡长跟前，却仍保持着谦逊淳朴，像不善于说话似的。当他在朝廷议事的时候，是很会辩论的样子，但是又很慎重；和上级谈话，他持的是公正不阿的态度；和同僚谈话，却又和悦近人了[2]。

---

① 《史记·孔子世家》作"大司寇"，但先秦一般书均称孔子为司寇，非大司寇。
② 见《论语·乡党》篇，第一章。

十二、孔子在外交上的胜利

在孔子当了司寇的第二年——公元前500年，齐国发觉孔子在鲁国已经渐渐握有实权了，十几年前的忧虑已变为事实。这年夏天，齐景公根据大夫黎钼的建议，派人到鲁国来，说要和鲁定公举行一次夹谷之会。夹谷在现在山东莱芜这地方，在泰山以东。他们打算在这一次外交会议上使鲁国屈服。

鲁定公同意赴会。到了约期，便准备车辆出发。因为司寇兼办外交事务，所以孔子被派为会议上鲁君的助理[①]。孔子便向鲁定公建议说："我听说外交场合，必须有军事准备；战争场合，也必须有外交配合。文武是交互为用的。这次我请求带了指挥军事的左右司马去。"

---

① 《周礼·秋官司寇》下有大行人、小行人，就是接待外宾的。《周礼》虽然不一定是先秦的书，但周代官制的系统基本上是保存在这里的。孔子当司寇，又在夹谷之会时为"相"，是很合理的。

孔子画像，出自《三才图会》。

鲁定公说“好”，就把左、右司马带了去。当然，同时就有兵车也跟了去。

鲁定公和齐景公都到了夹谷。齐景公的助理是晏婴。两国国君在预先筑好的、有三级台阶的土台子上会见。会见的时候，依照当时的礼节，彼此见过了面，也献过了酒。齐国管事的忽然说：“请表演地方歌舞。”

于是齐国的歌舞队一齐上来，他们有拿旗的，有拿盾的，这倒还是表演歌舞用的，然而使枪弄棒的也夹杂着上来了，乱嚷嚷一片。孔子一看，知道齐国有阴谋，就赶快上去了。本来登那台阶时，是应当登一级就把两脚并拢一下，以维持严肃的气氛的，然而孔子因为情势紧张，就顾不得了，一脚迈到第三级，另一脚还在第二级，便扬起袖子喝道：“我们两国国君正在庄严地会见，野蛮的歌舞为什么出现在这里？请问齐国管事的，该怎么办？”

齐国管事的只好示意歌舞队下去，但是歌舞队还在观望，他们要看齐景公和晏婴的眼色。这时齐景公觉得很不好意思，便摆了摆手，齐国歌舞队才退了下去。

过了一会儿，齐国管事的又进前说道：“请演奏宫廷的音乐。”齐景公说“好”，一些七长八短的耍把戏的就又唱又舞地上来了。孔子又赶快上去，一脚迈到台阶第三级，一脚还在第二级，大声喝道：“戏弄诸侯的，依法应该斩首！执法官应该执行呵！”执法官无言可对，只好把准备捣乱的那批打手斩首。

由于孔子所持态度的严正，由于孔子事先准备下了武力，齐景公看到鲁定公不是可以轻易劫持的，便匆匆结束了会议。

齐景公回去，埋怨他的大臣们说：“鲁国君臣是按着道理办事的，可是你们却叫我采用野蛮的办法，耍小手腕儿。现在把鲁国国君得罪了，怎么办？”

齐国的大臣们说：“大丈夫做错了事，可以拿实际行动来表示改过；小人做错了事，只会在口头上做出许多掩饰。您若是后悔，我们就在实际行动上表示我们的错儿就是了。”

于是齐景公退还了以前所侵占的鲁国城池郓、讙和龟阴（这三个城池都在山东汶水南面）[①]。

孔子在外交上胜利了。孔子这一年五十二岁。

---

① 关于夹谷之会，《史记》《左传》《谷梁传》都有记载，这里主要是根据《史记·孔子世家》。

十三、孔子和鲁国贵族的斗争

鲁国在夹谷之会的外交胜利，提高了国家的地位，也提高了孔子的声望。

孔子慢慢要实行他那一套要求统一的主张了，就鲁国说，就是首先要削弱贵族的势力。公元前498年的夏天[①]，孔子向鲁定公说："照道理，大臣不该私有军队，大夫不能有五里地大小的城。"[②]鲁定公很赞成，因为这是对自己有利的。季氏也赞成，因为他自己的城堡被公山不狃所占据，他可以拿这个借口来消灭公山不狃。孔子于是派了子路到季氏家去当主管，为的是有步骤地把三家贵族盘踞的城堡拆除。

首先服从的是叔孙氏，由于他本身的力量不强，他立刻把盘

---

① 堕三都事在定公十二年，《史记·孔子世家》误为十三年。这里在年代上是根据《春秋》三传。

② 孔子这一段话，《史记·孔子世家》作为向鲁定公说的，《公羊传》却认为是向季氏说的。就情理上讲，《史记》较合理，这里采用《史记》的说法。

踞的郈城（在现在的山东东平县境内）拆除了。

季氏自己的城堡在费，还被公山不狃占据着。季氏表示情愿拆除，但公山不狃起兵反抗，他的军队打到鲁的都城曲阜。鲁定公躲避在季氏的大宅子里，公山不狃没有能攻进去，但箭已经射到鲁定公的跟前了。孔子命令申句须、乐颀二将率兵反攻出去，公山不狃打败了，一直败退到姑蔑（在现在的山东泗水县）。结果，公山不狃逃往齐国，费城拆除了。

三家贵族已有两家把城堡拆除，只剩下孟氏。孟氏的城堡在成（在现在的山东泗水县境内）。守成的公敛处父向孟孙说："这地方靠近齐，如果拆除城堡，齐国兵就会从北门进来。而且这地方是孟家的保障，毁了这地方就是毁了孟家。我不愿意拆除。"于是拆城的事遭受了阻力，一直到这年冬天还没有拆得成。鲁定公派兵把成包围了，但也没有攻得下。

可是三家贵族至少有两家在表面上是被削弱了，孔子在内政上又暂时取得了胜利。这一年孔子五十四岁。

于是孔子有些得意起来。他的门徒便问道："不是说有涵养的人逢见坏事也不愁眉苦脸，逢见好事也不扬扬得意么？"孔子说："这话是有的。但是不是还有一句话，说人有了地位，能做些事业，又能虚心请教别人，也是叫人高兴的么？"①

鲁国在外交上取得了胜利，又削弱了贵族势力，因而国内的秩序暂时安定下来。这时卖猪羊的不漫天要价了，街道上井然有

① 这段话只见《史记·孔子世家》，但是很合情理，所以采入。

序了,丢了东西也没有人捡了。各方客人来到,因为事事有头绪,也不必麻烦官府,舒适得像到了家一样[1]。

在这个时期,孔子虽然担任司寇的官,可是他是反对刑法的。孔子曾经说过:“对人民如果光靠发布命令,又用刑法来强制执行,那是会使人民养成侥幸的习惯而不顾廉耻的;如果在政治上加以诱导,并用礼义来约束,人民却会既有廉耻,又肯往好处走的。”[2]所以孔子固然也公平地处理诉讼事件,但他往往想得更根本,他说:“审理案件,我和别人没有两样呵。可是最好的办法是,要做到连打官司的也没有呵。”[3]这就是孔子在政治上获得成绩的一个缘故。

这样的政治成绩,自然就使邻国,特别是齐国增加了恐惧。

---

① 见《孔子家语·相鲁》篇;《荀子·儒效》篇;《史记·孔子世家》。
② 见《论语·为政》篇,第三章。
③ 见《论语·颜渊》篇,第十三章。

十四、孔子终于出走

齐国这时的国君还是齐景公，晏婴在夹谷之会后不久就逝世了。晏婴是个出色的政治家。他不肯阿谀。他又能针对当时的需要提出适宜的政策。他也善于选拔人才，他曾把一个叫越石父的奴隶赎出来，他曾荐举一个赶车的仆人为大夫[①]。他同时有素朴的民主思想，他认为不同的意见是有好处的，他说这像调味一样，正因为味道不同，才可互相调剂，味调好了，才好吃；如果都是同样主张，随声附和，那就是白开水加白开水了，还有什么味道[②]！晏婴把由不同意见而取得一致的称为“和”，把不允许有不同意见而得到勉强一致的称为“同”，后来孔子主张“和而不同”，显然是受了

① 参考《史记·齐太公世家》《管晏列传》。《史记》所说越石父“在缧绁中”一语，据日本泷川资言考证，是采自《吕氏春秋》，原文“累之”，是因负累作仆，司马迁却误解为“缧绁”了。

② 见《左传》昭公二十年。

晏婴的启发。晏婴死后，齐国的人才比较单薄了。

这时齐国的执政者便商议道："孔子掌握了政权，一定要称霸天下的。鲁国距我们最近，将来准先兼并我们，何如早割些地方给鲁国？"

那个在夹谷之会时出过坏主意的黎钼却又出来说话了："我们应该先离间孔子在鲁国的关系，如果离间不成，再割送地方也不迟呵！"

他们这时的阴谋是设法引起孔子和鲁定公、季桓子间的不和。他们知道孔子是一本正经的，鲁定公和季桓子是爱玩儿乐的，于是利用了这一个矛盾，送了八十名美女去，还带了一百二十匹好马。这些美女打扮得十分妖艳，又会唱靡靡之音，那些马也披挂得耀眼争光，说是专程送给鲁国国君的呢。

这些美女和骏马已经到了曲阜南门外了，暂时停留在那里，闹得十分轰动。但还没敢进城，怕的是孔子反对。鲁定公虽然听说，也没敢公然去，便打发季桓子先去偷看一下。季桓子怕别人认出来去报告孔子，便穿上便衣，偷偷去看了三回，越看就越舍不得。于是季桓子和鲁定公商量，装作到各处去巡视，但一巡就整天钉在南门外，沉醉在那些歌舞里了。他们对于政事也不大过问了。

当然，最后孔子也晓得了。子路见他们既如此荒唐，又对孔子这样不尊重，便不耐烦起来，对孔子说："老师可以走了吧？"孔子说："还要待一待。鲁国就要在郊外祭天了，如果能把祭肉分送过来，那就是还尊重我们，我就还可以留一留的。"

但是季桓子终于接受了齐国的美女骏马，不问政事已经有三四天了[①]。祭天也祭过了，可是并没有送祭肉来[②]。

孔子把情况判明了，知道鲁定公原是没主意的；季桓子又不过是利用自己，替他消除像公山不狃那样的异己势力罢了。事实上季桓子也怕孔子长久搞下去会把他的势力削弱，所以冷淡孔子是势所必至的。孔子无法和他们合作下去也是一定的。况且另一个贵族孟氏还在为拆城的问题抗拒着呢，再加上齐国的离间，孔子的处境便显得非常尴尬了。

于是孔子辞了职，率领着弟子离开鲁国，因为鲁国究竟是孔子的家乡，走的时候心情十分沉重。他们走得很慢，不能像离开齐国时那么干脆了[③]。

孔子走到屯这个地方的时候——这里已是鲁国的南境了，季桓子所派的一个管音乐的官名叫师己的赶了来，名为送行，实际上是来探孔子的口气的。

“老师，您老人家并没有错儿呵。”师己这样说。

孔子便道：“我唱个歌好么？这是我新作的歌：

用的是美人计，
美人计把人赶走，
歌舞也够迷人，
政事可就没了救。

---

① 见《论语·微子》篇，第四章。
② 见《孟子·告子》下，第六章。
③ 见《孟子·尽心》下，第十七章。

我有什么不开怀？

我今后优哉游哉！”①

师己听了这话就回来了。季桓子问他孔子说什么来着，师己便照实说了。季桓子听了，装作惋惜的样子，说：“老师是怪我收留这些丫头呵！”

孔子就这样离开了鲁国。

---

① 见《孔子家语·子路初见》篇；《史记·孔子世家》。

十五、在卫国受到监视

这一次孔子离开鲁国，虽然是由于鲁定公和季桓子对自己冷淡而促成的，但主要原因应该是由于想限制贵族势力而遭到了阻碍。像孟氏拆城的问题，就一直还没有解决。孔子走了，这一年是公元前497年，孔子已经五十五岁了。

往哪里去呢？不能再往东去，东边是齐国，齐国是刚刚用美女骏马的计策离间了孔子的。于是孔子向西走去。

孔子选择了卫国（在现在的河南北部）。这是因为：一来卫国有为自己所佩服的熟人。卫国的大夫蘧伯玉就曾打发人来看望过孔子，孔子问那使者："老先生在做什么呢？"使者说："老先生想努力减少自己的过错，可是还没十分做好呢。"孔子很赞美这使者会说话[1]，当然他同时也看出蘧伯玉是如何谦虚而有修养了。

① 见《论语·宪问》篇，第二十五章。

二来卫国这时是安定的，卫灵公已经统治了卫国三十八年，而卫国原有的一些人才，像蘧伯玉已经老了，史鱼[1]已经死了，所以卫国又是可以有为的地方。三来子路和卫国的宠臣弥子瑕是连襟[2]，孔子到卫国，可能还受了子路的怂恿。

孔子在卫国的都城帝丘（现在的河南濮阳县）见了卫灵公。但这时卫灵公对孔子是没有什么认识的，只是空洞地觉得应该对孔子敬重罢了。卫灵公便问孔子在鲁国受什么待遇，得多少米。——那时的薪俸是以米来计算的。孔子把在鲁国的情形说了，于是孔子得到如同在鲁国一样的地位和生活待遇。

但是他和卫灵公的关系究竟是不巩固的，因为一则刚到，二则他又不是卫国人。有人还说了这样的话："孔子来到卫国，也许是不怀好意的。他带来的弟子很多，各样人才都有，万一是为了鲁国而到这里有什么企图的话，又怎么办？"

卫灵公不能不小心了，便派公孙余假监视孔子，孔子出门进门，这个人都跟着。孔子感到很别扭，就又率领着弟子离开了卫国[3]。

---

① 史鱼也是卫国的大夫，他在古代有广泛的声誉，先秦书中常有"曾史之行"的话，"曾"指曾子，"史"即史鱼。孔子也很佩服史鱼，他曾说："史鱼真够正直呵！太平呢，他像箭那么直；不太平呢，他仍像箭那么直。"见《论语·卫灵公》篇。

② 见《孟子·万章》上，第八章。

③ 见《史记·孔子世家》。

十六、过匡城被拘留

孔子这一回在卫国没住了几个月。他走得是如此仓促，他自己坐的是车，弟子们有的跟在车上，大多数却是步行的，当他要出东门的时候，便和一部分弟子失散了。

孔子的弟子子贡，这时是个二十四五岁的青年，因为找不到老师，很着急，逢见人便问。于是有人笑嘻嘻地告诉他："我看见东门有一个人，长得很体面，两腮像尧帝，脖子像有名的法官皋陶，肩膀像大政治家子产，腰以下又像治水的大禹，不过还短三寸就是了。样子很狼狈，像条丧家狗呐。"①

子贡知道这一定是孔子了，便找到东门，果然赶上了孔子。孔

① 这一段事，《史记·孔子世家》说发生在孔子过宋至郑时。但据崔述在《洙泗考信录》中的考辨，孔子很少有机会到郑国；又据《韩诗外传》卷九，有个与此类似的故事发生在卫国。孔子有好几次离卫，只有这一次可能是匆迫的，所以叙在这里。

帝堯陶唐氏　帝舜有虞氏

夏禹王　皐陶像

尧(左上)、舜(右上)、禹(左下)、皋陶(右下)画像,出自《三才图会》。

子问他迷失到哪里，怎样才找来的？子贡便把刚才听来的话告诉了孔子。

孔子听了，笑道："一个人的长相是不足为凭的。说我像条丧家狗，倒一点不错！一点不错！"

孔子等出了东门往前走，走到一个地方叫匡（在现在河南长垣县境）①，不巧逢上这个地方正在闹乱子。原来有个被卫灵公所驱逐的卫国贵族公孙戌，他占据了匡城②。因为这地区还处于战时状态，所以匡城的人是在警戒着的。他们见孔子带了这么些人来，已经觉得形迹可疑。逢巧给孔子赶车的弟子颜刻又用马鞭子指着城缺口说："我从前和阳虎就是从这个缺口打进城去的。"匡城的人听见这话，就把孔子误会为阳虎的一伙了③。因而把孔子等包围起来。——原来阳虎曾带兵骚扰过这个地方。

匡城的人把孔子和他的弟子包围了五天，不许他们走动。孔子的弟子颜渊原先在路上走得慢了，掉了队，现在才赶了来。孔子见了他就说："我以为见不着你了，我以为你死在路上了。"颜渊说："老师还活着，我们还要做一番事业哩，哪里敢死？"④

匡城的人包围得更紧了。孔子的弟子便有些恐慌，但孔子镇

---

① 《史记·孔子世家》叙孔子两次过蒲，一次过匡，实为一事。裴骃《集解》在"过蒲"下引徐广的话："长垣县有匡城蒲乡"，可知本为一地。下文即将《史记》孔子过匡过蒲事综合叙述。

② 公孙戌据蒲城，见顾栋高《春秋大事记》，公孙戌叛卫事又见《左传》定公十四年，两书所记时间相同，而且正是孔子过匡之时。

③ 《史记·孔子世家》中说，"阳虎尝暴匡人"是事实，而说"孔子状类阳虎"，因而被拘，却不近情理。据张守节《史记正义》引《琴操》，颜刻的话中提及从前和阳虎一道来过，匡人因而误会现在是阳虎再来，这是合理的。

④ 见《论语·先进》篇，第二十一章。

《孔子圣迹图之围匡图》，明·仇英绘。

静如常，他还安慰弟子们说："周文王死了以后，国家建设的一套办法，不是经过我们的研究，保存在我们这里么？除非真不要太平，真不叫人过好日子，那也罢了。我不信匡城人能把我们怎么样！"①

孔子有一个弟子叫公良孺的，带着五辆车跟随孔子，他长得很高大，很勇敢，这时便出来说："我看还是战斗吧，就是战死，也比困在这里强。"他于是带头勇猛地和匡城人战斗起来。

这下匡城人害怕了，占据匡城的贵族公孙戌才来和孔子谈条件，说："如果你答应不再到卫国去，我们是可以放你走的。"孔子答应了，这样才解了围。

---

① 见《论语·子罕》篇，第五章。

十七、到了晋国的边界上

匡城在卫国和晋国的边境上。孔子也想到晋国去[①]。晋国位置在现在的山西省以及山西和河北、河南交界处，是春秋时期的一个大国。这时当权的是赵简子，赵家在晋国的地位和季氏在鲁国的地位很相似。

孔子正要到晋国去的时候，忽然听说赵简子杀了两个贤人——鸣犊和窦犨[②]。

这时孔子刚要过黄河，便对着河水叹口气说："浩浩荡荡的流水是很美的，可是我不想过去了。这也是命吧。"孔子又说起迷信的话头儿——"命"来了。

---

① 《史记·孔子世家》叙孔子欲至晋在第二次去卫之后，现在以匡城位置衡量，当在此时。

② 事见《史记·孔子世家》，但《孔子世家》中鸣犊、窦犨作窦鸣犊、舜华，兹据王引之之说改。

子贡问道："您这话是什么意思呢？"

孔子说："鸣犊和窦犨是晋国的两个贤人，赵简子没有得志的时候呢，依靠他俩出主意；现在掌握了政权，却把他俩杀了。我听说，如果杀害了幼小的走兽，麒麟就不肯来到野外；如果把水里的鱼打尽，蛟龙就不肯来降雨；如果毁坏了鸟窠、鸟蛋，凤凰也就不肯飞来。为什么？因为都认为同类被残害是够伤心的呵！鸟兽还这样，难道我能无动于衷么？"

孔子因而停下来，作了一个歌曲，叫《陬操》。他再也不肯到晋国去了。

这时晋国国内正在进行着战争。赵简子和晋国另外两个贵族范氏、中行氏互相攻打。赵简子的家臣佛肸便占据中牟（在现在的河南汤阴县境）独立起来了，他的企图是打击赵简子的威信，同时也想趁机捞一把。这情形很像鲁国的公山不狃占据费城反对季氏。

佛肸也曾打发人来请孔子[1]。这同样是希望借孔子来壮一壮声势的。佛肸看到孔子正在彷徨无路，也知道孔子因为赵简子杀了贤人而不满意赵简子，他认为孔子很有去的可能。

孔子果然也想去，但子路又出来反对了，说："我听老师说过，如果一个人本身的行为不正当，好人是不和他合作的。佛肸反叛赵简子，难道是应当的么？"

孔子说："不错，我是说过那样的话。但是我不是也说过，真

---

① 《史记·孔子世家》叙佛肸事在孔子欲至晋前，兹因赵简子先有为范氏、中行氏所败奔往晋阳事，故将叙述次序调动。中牟近匡蒲，其事相接。

端木赐（字子贡）画像，取自《至圣先贤半身像册》。

正坚强的，磨也磨不成薄片；真正洁白的，染也染不成黑漆么？我又不是苦瓜，难道可以长远地挂在半空里不吃饭么？”[①]

可是当时晋国的情况的确混乱，孔子到底没有到中牟去。

① 见《论语·阳货》篇，第六章。

十八、仍然回到卫国——不愉快的三年

孔子考虑的结果，还是再回到卫国去。子贡问道："不是和公孙戍在匡城订过盟约，不再回卫国的么？"孔子说："那是强迫订下的呵，强迫的盟约就是神也不管这笔账的。"

卫灵公听说孔子回来了，十分高兴，并且后悔前些时候不该轻信人言，派人监视。这次他亲自到郊外去迎接孔子。

孔子住在老朋友蘧伯玉家里。孔子这一回在卫国住得很久，一住住了三年。转眼孔子已经五十九岁了。鲁国国内也已经换了国君，鲁定公死了，由鲁定公的儿子鲁哀公继了位。

孔子在卫国的这几年却也并不得意。原因是，卫灵公已经老了，对孔子表面上虽然很敬重，但并不是真心的。他对于本国一些老人像蘧伯玉等尚且冷淡，如何能尊重外来的孔子？他十分荒淫，什么事也不振作，只知道和夫人南子、宠臣弥子瑕等鬼混而已。

卫灵公的夫人南子这时一定要见见孔子。她打发人告诉孔子说："四方来的名人，凡是瞧得起我们国君、觉得够交情的，没有不

来见见我的。我也很愿意长长见识呢。”

孔子起初还婉谢，但谢绝不了，只好去见了她。

南子坐在纱帐里，孔子进门行了礼。南子在帐子里也回了礼。因为有帐子隔着，南子是瞧清楚孔子的，但孔子却瞧不见南子，只听见南子身上佩戴的玉器丁咚丁咚地响。

孔子出来告诉门徒们说：“我本来不要见这样的女人，这次不过是礼尚往来罢了。”

可是子路很不高兴。他觉得孔子有些失身份。

孔子急了，发誓说：“要是有什么别的，我不得好死，我不得好死！”①

孔子和南子的见面也的确产生了一些不良影响。卫灵公认为孔子不是那么严肃可怕了。有一天，卫灵公和南子一同坐车出门，便让孔子在第二辆车上坐着，后面又跟着一辆车，坐的是太监雍渠。他们就这样一块儿在街市上招摇起来了②。

卫灵公也许认为这是表示对孔子的亲近吧，但孔子觉得这是难堪的侮辱。孔子事后说：“咳！我没见过看重道德像看重美色那样的人！”③

有一天，卫灵公问孔子说：“讨伐匡城蒲乡的公孙戌可以不可以呢？”孔子说：“当然可以，而且应该讨伐。”卫灵公又说：“但是我的大臣们不赞成呢。再说这地方是一个缓冲，可以用来应付晋、

---

① 见《论语·雍也》篇，第二十八章。《史记·孔子世家》有更详细的记载。

② 见《史记·孔子世家》。

③ 见《论语·子罕》篇，第十八章。司马迁在《史记·孔子世家》中把这句话联系在这里，又说“于是丑之”，这样理解是很恰当的。

《孔子圣迹图之子见南子图》，明·仇英绘。

楚两国的。现在去讨伐,有把握么?”孔子说:“那地方的男人现在宁愿死,也不愿跟着公孙戌胡闹;那地方的妇女也肯出死力保卫自己的家乡,而不愿意受公孙戌的压迫。我们所要讨伐的,只是为首的四五个人罢了。把握是有的。”卫灵公说:“好。”可是并没有认真去进行[1]。

孔子知道卫灵公是不想振作了,而且也并不重视自己。

有一天,孔子正在屋里击磬(当时的一种乐器),一个背草筐的老人路过门口,听见磬声便说:“击磬的是个热肠人呵!”过了一会儿,他又说:“但是太固执了。磬的声音又响又急,看来这个人是唯恐人家不知道自己!既然没有人知道,也就算了吧,何必呢?歌谣上不是这样唱来着:‘水深呢,脱去衣服游过去;水浅呢,撩起衣服蹚过去。’”[2]

可是孔子这时却还是执迷着——为梦想实现自己的政治理想和得到政治地位而执迷着。

最后卫国发生了政变。起因是卫国太子蒯聩和南子有了恶感。他派人去刺杀南子。但那个人到时候不敢下手,蒯聩屡次用眼睛向他示意,这样便被南子觉察了,她拼命喊起来:“太子要杀我呢!”卫灵公是偏向南子的,太子蒯聩吓得赶紧逃到晋国赵简子那里去了[3]。

这次卫灵公却想用兵了,便又问孔子怎样作战。孔子觉得卫

---

① 《史记·孔子世家》叙此事在孔子居陈三岁以后,但公孙戌那时已逃往鲁国了,故崔述以为时代不对。今将此事提前,与情势较合。

② 见《论语·宪问》篇,第三十九章。

③ 见《史记·卫康叔世家》。

灵公实在老糊涂了，作战理由既不正大，又牵涉到晋国，况且是父子之间的争执，外人是不好说话的，于是答道："要是问我怎样祭天祭祖呢，我是学过的；打仗么，我可不懂。"[①]卫灵公听了自然很不高兴。

第二天孔子再同卫灵公谈话的时候，卫灵公的眼睛就没有看孔子，而只是仰着头看空中的大雁。孔子觉察出现在已经是必须离开这地方的时候了。

卫灵公不久就死了，结束了他在卫国四十二年的统治。内争继续着。南子依照卫灵公的遗命，叫小儿子郢来继位。但是郢却不敢答应，他说："太子蒯聩虽然逃亡在外，但太子的儿子叫辄的还在，应该由他继承。"于是卫灵公的孙子辄被立为卫君，这就是卫出公。可是逃在晋国的太子蒯聩还想回来继位，这事得到了晋国赵简子的支持。那时鲁国的野心家阳虎也在晋国，赵简子便命令阳虎护送蒯聩回国。阳虎派了八个人穿着丧服，假装是从卫国来迎接蒯聩的，于是蒯聩假哭着到了国境。但蒯聩的儿子卫出公却用武力拒绝了蒯聩，结果蒯聩的阴谋遭到失败[②]。

这就是当时卫国的情况：由卫灵公的父子之争演变为第二代的父子之争。

在卫出公被拥立的这一年——公元前492年，孔子整整六十岁了。

---

① 见《论语·卫灵公》篇，第一章中有"明日遂行"语，但据《先秦诸子系年考辨》第39页，孔子此次去卫实在卫灵公死后，《论语》只是形容孔子走得干脆罢了。

② 见《左传》哀公二年；《史记·卫康叔世家》；《史记·孔子世家》。

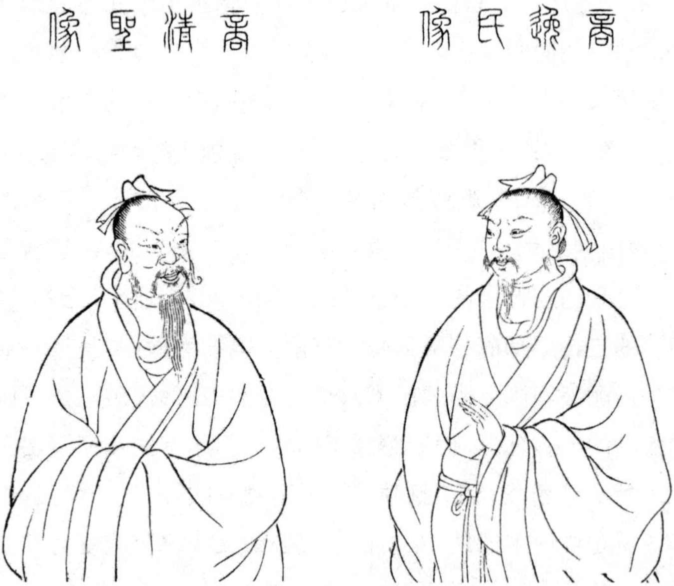

伯夷(左)、叔齐(右)画像,出自《古圣贤像传略》。

当时,孔子的弟子中,有人怀疑孔子是否参与过拥立卫出公的政变,像冉有就问子贡道:“咱们老师是不是曾帮助过卫出公呢?”子贡说:“让我去问问看。”

子贡是个聪明人,他不便直接问孔子,却借两个历史人物来探孔子的口气,他问孔子道:“伯夷、叔齐是怎样的人呢?”伯夷、叔齐是古代传说中的两位王子,他们彼此推让,不肯继任父亲的王位,结果都逃到国外去。子贡提出这两个人来,看孔子对他们如何评价。孔子说:“有仁德的人呵。”

“那么,他们有什么怨恨不平么?”子贡想把问题弄得更明确些。

“他们所追求的只是仁德,而得到的也就是仁德,这就满足了,还有什么怨恨的呢?”

子贡心里就明白了,出来告诉冉有说:“咱们老师是不会参与的。”①

死去的卫灵公既然不能重用孔子,现在卫国又发生了剧烈的内部斗争,这内部斗争还牵涉到国外势力——晋国支持蒯聩,齐国则支持卫出公,孔子于是决定离开卫国。

孔子最后批评卫国的政治说:“卫国和鲁国真是难兄难弟呵!”②从历史上说,鲁国的祖先是周公,卫国的祖先是康叔,康叔和周公原是亲兄弟,现在混乱的情形又差不多,所以孔子说了这样的双关语。

---

① 见《论语·述而》篇,第十五章。
② 见《论语·子路》篇,第七章。

十九、过宋国的时候遭到迫害

孔子怀着不愉快的心情离开卫国。这一次的方向是往东南走。走到卫、宋交界一个叫仪的地方(在现在的河南兰考县境),管边界的小官吏说:"过往的名人,我没有不能拜见的。"意思是要见见孔子。孔子的弟子便引他见了孔子。他见了孔子以后,出来说:"朋友们,现在还怕老不太平么?天下混乱得太久,看来老天爷要叫孔子出来管教管教了。"[①]

孔子出了卫国国界,就到了宋国境内。孔子和弟子们歇在一棵大树底下。孔子叫弟子们温习所学过的礼仪。正在温习,那曾经因为奴役人民而被孔子批评过的宋国司马桓魋[②]便带了一些人

---

① 见《论语·八佾》篇,第二十四章。

② 据说桓魋是很奢侈的人,他为自己造一个石椁(棺材的石套子),造了三年还没有造成,可是工匠都病倒了。孔子于是狠狠地批评了他。见《曲礼·子贡问解》。

来，把树给砍倒了，还要杀孔子。弟子们说："应该快点儿走了！"孔子说："我有我的事业，老天会保佑我，桓魋能把我怎么样！"[①]

孔子一面拿话来安慰弟子，一面退了开去。

为了免得在宋国遇到更多的留难，孔子换上便衣[②]，和弟子们逃出了宋的国境。

---

① 见《论语·述而》篇，第二十三章及《庄子·天运》篇。

② 见《孟子·万章》上，第八章。

二十、孔子停留在陈国

就在公元前492年，孔子到了陈国[①]，住在大夫司城贞子家里。陈国在宋国的南面，国都宛丘，就是现在的河南淮阳县。陈的国君是陈湣公，这一年是陈湣公十年。孔子参加了陈国的政府工作。

这时，陈国东方的吴国和南方的楚国都是很强大的，陈国常受两国欺凌。吴国尤其趾高气扬，因为这时正是吴王夫差任用伍子胥打败越王勾践的第三年。——同时却也是越王勾践卧薪尝胆的时候。

陈国是一个小国，是吴、楚两大强国争夺的目标，陈湣公又很平庸，所以孔子在陈国也没能取得什么显著成绩。

陈湣公把孔子只看作是一个博学的人。有一天，一只被箭射穿的小鹰落下了，箭还在小鹰身上，箭头是石头的，箭杆长一尺八

① 《史记·孔子世家》记孔子两次到陈国，中间曾回卫。兹据崔述考证，孔子到陈只一次。

伍子胥画像，出自《三才图会》。

寸，陈湣公便打发人去问孔子。孔子说：“这箭是有来历的。它是北方肃慎国（在现在的吉林省）的。从前周武王平定天下以后，各国都有贡物。肃慎国就贡献了这种箭。后来周天子又把远方的贡物分给同姓的国家，为的是叫人不要忘了边疆。我听说这种箭曾分给了陈国。不信，可到保存古物的机关查一查。”一查，果然有[①]。陈湣公大为佩服，可是陈湣公佩服孔子的也就是这类事罢了。

孔子在陈国也常思念着鲁国。这年夏天，鲁国发生了火灾，先是一个小的宫殿起了火，后来蔓延到鲁哀公的正殿上去了，最后把鲁哀公的八代祖桓公、六代祖僖公的庙也烧了。桓公、僖公祖庙的存在，说明季氏在鲁国的跋扈。原来按照当时的礼法，祖宗的庙只保存到四代为止，鲁国所以还保存桓公、僖公的庙，是因为季氏当权的关系。桓公是季氏的直系祖先，僖公是开始给予季氏封地的人，季氏为了纪念他们，特地将他们的庙保存下来。

这年秋天季桓子病得很重，他在车中看到鲁国国都的城墙，叹口气说：“从前这个国家本来也可以兴旺的，因为我对不起孔子，所以才没有兴旺起来。”他回过头来，望了望他的继承人季康子说：“我快死了，我死后你一定会辅佐鲁君的；你如果辅佐鲁君，一定要把孔子请回来。”

过了几天，季桓子果然死了，季康子继承了他的职位。季康子把季桓子安葬以后，就要把孔子请回来。可是这时贵族们却另有一种打算。公之鱼便是抱着这种打算的人。他说：“鲁定公还在的

---

① 见《国语·鲁语》。

时候，曾用过孔子，但是不能有始有终，被各国诸侯笑话。现在要是再用孔子，如果也不能有始有终，不是又要被各国诸侯笑话一回么？"这话透露出当时鲁国统治集团原没打算真正有始有终地任用孔子。

季康子说："那么，你看怎么办呢？"

公之鱼说："我看不一定要孔子本人来，只请到孔子的弟子像冉有一类的人就够了。请冉有，还不是等于请回孔子了么？就是闹翻了，也不伤咱们的面子呵。"

季康子觉得对。但是也没有马上实行[1]。

这仍是孔子六十岁那一年的事。这一年孔子特别辛苦：离卫，过宋，到陈。这一年他碰到的事儿也特别多：卫国立了新君，发生内乱；孔子过宋的时候，遭到桓魋的迫害；鲁国发生了火灾，季桓子死了，季康子执政，打算把孔子请回，可是也没有真的来请。

上了六十岁的孔子，阅历是多了，受到的磨炼也更多了，他曾说："我在六十岁上，耳朵里听到任何不如意的话，也能冷静地去分析，犯不上生气了。"[2]

孔子在陈国，一住又住了三年。

---

① 《史记·孔子世家》在公之鱼与季康子对话后，即接叙召冉有及孔子"归乎"之语。兹据崔述说法移后。

② 见《论语·为政》篇，第四章。

二十一、孔子绝粮

公元前489年，吴国大举攻陈，楚国助陈进行反攻，陈国陷于混乱状态。楚国的军队由楚昭王亲自率领着，驻扎在陈国东北部的城父（现在的安徽亳县）地方，这样就阻截住吴军的进攻。但这时楚昭王病了。

逢巧天上有一簇红云，像一群五颜六色的鸟一样，夹着太阳飘去。楚昭王派人问周的太史（管历史、天文的官）这是什么兆头，周太史说，这预兆对楚昭王是不吉利的；但又说可以移在将相身上。楚昭王的将相便纷纷向神祈祷，希望能代替楚王承受不幸。但楚昭王说："这不成。将相是我的手足，如何可以代我受祸呢？"他没有答应。于是又叫卜者卜了一卦，卦象上说楚王的病是由于没祭河神而惹起的。有些官员便请楚王去祭一祭河神。可是楚昭王也不以为然，他说："我们祖传的疆域是在长江汉水一带。黄河不在我们境内，我是得罪不着河神的。"

孔子听说楚昭王这样,很佩服楚昭王的开明[1]。孔子想,陈国既然在混乱中,就不如到楚国去。正好楚昭王也希望孔子能到楚国去,并曾派人来迎接。于是孔子决定上楚国去走一趟。

从陈国到楚国,中间要经过一些吴、楚两国所争夺着的小国,其中之一是蔡国。蔡国国都原在现在的河南东南部的新蔡县境,但在吴、楚争夺过程中,曾一度因倾向吴国而迁到州来(现在的安徽凤台县),这时一部分蔡国人民却又被楚国迁到负函(现在的河南信阳县)。孔子要从陈国到楚国去,就必须经过负函。负函在名义上也算属于蔡国[2]。

从宛丘到负函这一段路上,正是吴、楚交兵的地带。有一天,孔子被乱兵围住,带的粮食也吃光了,跟从的弟子们又饿又累,有些人已经病倒了[3]。

但是孔子还照常给弟子们讲学,照常弹琴、唱歌。

子路首先沉不住气,噘着嘴,问孔子道:“有道德有学问的人也遭难么?”

孔子说:“有道德有学问的人并非不遭难,但是能够遭了难也不动摇。没有道德没有学问的人一遇困难却会变节。”[4]

但是弟子们越来越不安定了,孔子便把子路叫来问道:“古时候的一首诗歌上说:

---

① 见《左传》哀公六年,《史记·楚世家》。
② 据崔述考证,见《洙泗考信录》卷三。
③ 陈蔡之厄即在陈绝粮事,参考《先秦诸子系年考辨》,第 48 页。
④ 见《论语·卫灵公》篇,第二章。

又不是老虎，
又不是犀牛，
徘徊在旷野，
是什么因由？

是不是我们讲的道理不对了？不然，我们何以会困在这里呢？”

子路说：“恐怕是我们的仁德不够，人们才不相信我们；恐怕是我们的智慧不够，人们才不能实行我们的主张吧。”

孔子叫着子路的名字说：“由呵，假如有仁德就会使人相信，为什么伯夷、叔齐会饿死呢？假如有智慧就可以行得通，为什么比干的心会被人家剜掉呢？”

子路退出，子贡进来见孔子。孔子又问道：“古时候的一首诗歌上说：

又不是老虎，
又不是犀牛，
徘徊在旷野，
是什么因由？

是不是我们讲的道理不对了？不然，我们何以会困在这里呢？”

子贡说：“老师的理想太高了，所以到处不能相容。老师是不是可以把理想降低一些？”

孔子说：“赐呵，一个好的农夫能够好好地耕种，但是不一定有很好的收成；一个好的工匠能做出很巧妙的东西，但是不一定正赶上人家的需要；一个想有作为的人有他自己的主张，他能够把主张有条有理地发表出来，但是人家不一定就会接受。你现在不努力充实你自己，却斤斤计较别人能不能接受，你的志气未免太小了！”

子贡退出，颜渊进来见孔子。孔子仍旧问道：“古时候的一首诗歌上说：

又不是老虎，
又不是犀牛，
徘徊在旷野，
是什么因由？

是不是我们讲的道理不对了？不然，我们何以会困在这里呢？”

颜渊说：“老师的理想很高，所以到处不能相容。可是，老师还是可以努力争取实现这种理想的。人家不能相容，有什么关系？人家不能相容，才能考验出有道德有学问的人的涵养功夫。拿不出好的主张来，在我们是可耻的；有了好的主张而没有人实现，这是各国当权者的羞耻。人家不能相容，有什么关系？人家不能相容，才能考验出有道德有学问的人的涵养功夫。”

孔子听了，很欢喜，笑道：“就是这个话呵。姓颜的小伙子，如果你有了钱，我愿意给你管账呐！”①

---

① 以上均据《史记·孔子世家》。

孔子的话其实是自我陶醉，自己安慰自己，颜渊的话不过是迎合孔子的心理。孔子一面拿颜渊的话来安慰大家，一面派子贡和楚军交涉好，于是孔子等在楚军的保护下到达了负函。

二十二、孔子勾留在楚国的边缘

孔子到负函的这一年六十三岁了。这年是公元前489年，在鲁国是鲁哀公六年。

这时负函在楚国的势力控制之下，到了这里也就等于到了楚国[①]。楚国的大将沈诸梁驻扎在负函，他是这地方实际上的执政者。沈诸梁曾经当过叶（在现在的河南叶县的南面）这个地方的长官，因此习惯上也称为叶公。“公”是楚国土话长官的意思，并不是爵位，但叶公在楚国是很有势力的人物，他后来曾代理过令尹——楚国令尹相当于其他国家的宰相。

叶公曾经向孔子请教过政治，孔子告诉他：“要让近处的人安居乐业，同时让远方的人愿意来投奔。”[②]这对于叶公当前的任

---

① 据金履祥、梁玉绳说，孔子至叶即至楚。而叶即指叶公沈诸梁所在之蔡，即负函。《史记·孔子世家》把孔子至叶与至楚误成两件事，当中又插入了在陈绝粮的一段事，时间地点均错乱，现已厘清。

② 见《论语·子路》篇，第十六章。

务——管理迁在负函的蔡国人——来说，正是对症下药的。因为，叶公以楚将的身份对待这一部分蔡国人民，是免不了像对待俘虏那样的。如果对待不好，在这不安定的地区当然就会产生恶果了。

叶公很佩服孔子，但苦于不能完全理解孔子，便问子路："孔子到底是怎样的人呢？"子路也觉得难以作答，不晓得从哪儿说起。

孔子听说了，便告诉子路说："由呵，你怎么不这样回答他：孔丘为人，就是不倦地学习，不倦地教人；发愤起来连吃饭也忘记了，总是那么乐观，有人说他快要老了，但他一点儿也还没觉得呢。"①这就是孔子对于自己终身事业和乐观积极精神的概括，而且这种态度，是他在任何环境下都保持着的。

病中的楚昭王本来是想重用孔子的，准备在孔子到楚国后封给他七百社。一社是二十五户人家，这种待遇是很优厚的。可是楚国的贵族们不赞成，怕孔子到了楚国会夺取政权。那时楚国的令尹是子西，子西是楚昭王的庶兄，他便提醒楚昭王道："大王的外交使臣，有赶得上子贡的么？""没有。""大王的令尹，有赶得上颜渊的么？""没有。""大王的将军元帅，有赶得上子路的么？""没有。""大王的地方官吏，有赶得上宰我的么？""没有。"

子西于是说："那么，好了。楚国最初受的封地也不过五十社，你现在封给孔子的，不也太多了么？再说孔子政治上是有一套主张和做法的，他想实现周公的事业，你用了他，楚国还能子子孙

---

① 见《论语·述而》篇，第十九章；并见《史记·孔子世家》。

孙过安稳日子么？当初周文王、周武王都是由小根据地，干出大事儿来的。现在如果让孔子有了根据地，再加上他那些能干弟子，楚国是太危险了。”

楚昭王听了这话，就打消了原来的念头①。

当年秋天，楚昭王在城父病死了。当权的令尹子西是不会欢迎孔子的。于是孔子依然停留在楚国的边沿上，进退都有些为难了。

一天，有一个人好像疯疯癫癫的，跑近孔子的车子，唱着这样的歌：

凤呵，凤呵，
为什么这样狼狈？
过去的过去了，
未来的还可挽回。
算了，算了，
现在当权的都是些败类！

孔子听见这个歌，赶快下了车，想同这个人谈谈自己的心事，但是那个人已经跑远了②。

又一天，孔子又逢见一个渔人唱着歌：

---

① 见《史记·孔子世家》。
② 见《论语·微子》篇，第五章。

沧浪的水清呵，
我洗洗我的帽缨；
沧浪的水浊呵，
我洗洗我的脚！[①]

孔子发觉了楚国的顽固贵族势力比任何国家的都大，好人是不容易出来做事的，这些人的歌谣就反映了这一点。于是他就放弃了继续前往楚国的打算。当时和鲁国关系较密切的是卫国，孔子自己比较熟悉的，除鲁国之外也是卫国。卫国经过几年的内乱，太子蒯聩一时无力夺回王位，而蒯聩的儿子卫出公的政权也暂趋稳固。——孔子决定还是回到卫国去。

在回卫国的路上，逢见一个长得很高的人，浑身汗津津的，还有一个身材也很魁梧，两脚上满是泥的，他们在那里一块儿耕地[②]。那时用牲口耕地还不普遍，一般地就是用人力来耕地。孔子打发子路向他们询问渡口在哪里。子路原是拿着马鞭子赶车的，他下车来问路，马鞭子便交给了孔子。

当子路开口问路时，前边那个高个子却反问子路道："坐在车子上拿鞭子的是谁？"

子路说："是孔丘。"

高个子又问道："是鲁国的孔丘么？"

子路说："是。"

---

① 见《孟子·离娄》上，第八章。
② 关于长沮、桀溺二人名字的意义，参见金履祥《论语集注考证》卷九。

“哼！那他就该知道渡口了。”

后边那个满脚是泥的大汉也跟着问子路道:“你是谁？”

子路说:“我是仲由。”

“你是孔丘的弟子么？”

“是。”

那个大汉便道:“现在的世道是到处乱哄哄的，哪里不是一样?与其跟着躲避那个、选择这个的人跑,何如跟着我们不问世事的人呢？”

他们继续不住地翻地,不再说话了。

子路回来告诉了孔子。孔子听了,觉得这又是一个大刺激,他思想有些混乱了,一时定不住神,停了一大会儿[1],才慢慢地说:“有种人,只在山林里和鸟兽来往,我是做不来的。像刚才这样的人,我不是也很愿意和他们在一起么?我没有和这些人在一起,正是因为到处乱哄哄呵。天下果然太平了,我还到处跑么？”[2]

过了几天,孔子和弟子们在路上,子路落在后边了,他不知道孔子走了哪一条路。他逢见一个拄着拐杖、背着柳条筐的老头儿,便问道:“你见我的老师来么？”

老头儿说:“四肢不动,五谷不识,什么老师不老师！”他放下拐杖,开始拔草了。

子路好不容易赶上孔子,把这事告诉了孔子。孔子说:“这恐

---

① 《论语》原文作“夫子怃然”,据焦循的解释是安定不动的意思,他的论证很确切。

② 见《论语·微子》篇,第六章。

怕是一个隐士呢。”再打发子路去寻找，那人已经走远了[1]。

像孔子在路上遇见的这些人物：背柳条筐的，耕田的，以及不久以前所遇见的一些人物：跑近车旁高歌的，打着渔唱耍的，都很淳朴可爱。他们对孔子是在讥讽，也是在惋惜，这是孔子在北方所很少逢见的。这不能不使孔子在思想上起了一些波动。当然，思想变化是不能马上看得出来的，孔子在当时也还是顺了自己的路子走。于是孔子再回到了卫国。

这就是孔子六十三岁那一年的奔波：自陈到楚国的边境，自楚国的边境又返回卫国。

---

① 见《论语·微子》篇，第七章。司马迁用这一节材料时删去了“止子路宿”“见其二子”“不仕无义”这样一些文字，删得好，兹依《史记·孔子世家》。

二十三、孔子再到卫国和归鲁

孔子再到卫国,比上两次顺利多了。这时卫出公在位已有三年,卫国已经大致上安定。孔子弟子也有在卫国做事的。卫出公也有意请孔子来担当重要职务。

热心的子路便来问孔子道:“这次卫国的国君请你出来,你首先要做什么呢?”

孔子答道:“当然先要整顿名称了,要让任何人的名义和他的职务完全符合,要让任何事物的名称和它的实际完全符合。”

子路说:“还是这么着么?你真是一位迂夫子呀!”

孔子不能不加指斥了,说:“由呵,你还是这么粗鲁!你不知道名称不对,讲起话来就别扭;讲话别扭,事情就做不好;事情做不好,礼节音乐就提倡不起来;礼节音乐提倡不起来,刑罚就不会公允;刑罚不公允,老百姓就无法安生了。所以我们称呼什么,一定要说得准确;说准确了,便一定要做到。我们讲任何话,是不能马虎苟且的。如果一个酒杯不是方的,难道也叫它方酒杯、方酒杯么？”[1]

子路没有话讲了。孔子的话反映了新旧变革剧烈的时代，旧的名称和新的内容不再适合的情况，但也正因为新旧还在剧烈变革，旧的固然想维持也维持不了，新的也还没有取得一个一致公认的看法。所以孔子这种主张在当时还是不受欢迎的。

这时吴国的势力越发扩张，压迫到了鲁国。公元前488年——鲁哀公七年，吴国和鲁国在鄫城（现在的山东峄县境）举行会谈，吴国要求鲁国拿出一百头牛、一百只羊、一百头猪作为献礼，当时称为百牢，这是大大超越了当时礼制规定的数目；吴国并且威胁鲁国说：“宋国已经这样贡献过了，鲁国不能少于宋国。”鲁国争执了一番，一点也没有效果，终于照数给了吴国。吴国又要求季康子去禀见，这次幸亏临时借用了子贡去，在外交上得了个小胜利，季康子才没有受辱[2]。这一年，孔子六十四岁了。

第二年，吴国的兵来攻打鲁国，幸而有七百名英勇的武士坚决抵抗，吴国的兵才退去。孔子弟子有若就参加了这次战役[3]。

季康子感到鲁国情势这样危急，人才如此空虚，又见到孔子弟子像子贡、有若这样的人都还有点用处，想起了几年前打算把冉有请回去的话，于是便派人到卫国来请冉有。这时孔子已经六十五六岁了。

---

① 见《论语·子路》篇，第三章及《雍也》篇，第二十五章。
② 见《左传》哀公七年。鲁对子贡系临时借用的，观冉有返鲁时子贡仍在孔子侧可知。
③ 见《左传》哀公八年。

孔子听说这事，十分兴奋，说："鲁国这回请冉求（冉有名求）回去，准不是小用他，而是要大用他呢！"

这天，孔子看见自己的弟子冉有出了头，又看见自己还有那么些多才多艺的弟子，于是得意地说："有回国的希望了！有回国的希望了！我们这里这些年轻小伙子，有的是本领呵。简直像锦缎绣绸一般，叫我不知道裁哪一块才好呢。"[1]

这时子贡已经由鲁国回到卫国，仍旧陪着孔子。他看出孔子是想念家乡了，便在打发冉有上路的时候嘱咐冉有说："有机会的时候，要想法子把老师请回去呵！"

冉有到了鲁国以后，不久就立了功。因为这时吴国联合鲁国去打齐国，齐军侵入了鲁国。鲁国的三家贵族最初都不肯抵抗。经过冉有的劝说，季康子才出了兵。其他两家贵族也才出了兵。但是交战的结果，却只有冉有统率的季家这一支兵打了胜仗[2]。

季康子于是问冉有道："你的军事才能，是学来的呢，还是生就的呢？"

冉有看见机会到了，便说："从孔子那里学的。"

季康子又问："孔子是怎样的人呢？"

冉有便答："他是这样的人，任用了他，一定有成就；有了成就，对老百姓一定有好处；连鬼神也找不出他的岔儿。可是如果不合他的意，就是封给他两万五千户人家，他也看不上眼。"

---

① 见《论语·公冶长》篇，第二十三章。唯《论语》作"在陈"，《史记·孔子世家》中两次提到这样的话，亦都编入孔子在陈时，兹据崔述说移此。

② 见《左传》哀公十一年。

季康子说:“那么,我想请他来,可以么?”

冉有说:“可以是可以。但是千万不要再听小人的坏话,又冷淡他,就是了。”①

于是季康子派了②公华、公宾、公林三位代表,又带了重礼,来迎孔子回国。

这时是公元前484年,孔子已是六十八岁的老人了。他离开鲁国后在各地过了十四年的漂泊生活。在这十四年中,孔子增加了许多经验、知识,他也接触了一些和自己见解迥然不同的人物,这就使他的眼界更广阔,观察事物的能力更深刻了。

---

① 见《史记·孔子世家》。

②《史记·孔子世家》作“逐公华、公宾、公林”,据日本泷川资言考证,“逐”当作“使”。

二十四、孔子归鲁后的政治言论和政治态度

经过了十四年的奔波，孔子又回到家乡来了。

当他回味起这许多年来的经历的时候，他不能不想到那些年的精力实在浪费得可惜，他不能不发觉到真正能实现或想实现他的政治主张的国君，实际上可说是不存在的。当他重新咀嚼他在路上遇见的那些和自己主张不同的人物所说的话时，他不能不觉得还是这些人对他有些温暖，有些助益，而他在宫廷里是被当作可笑的对象的。因此，将近七十岁的孔子对自己的政治生活已看淡了，他觉得他不朽的事业还是文化教育。这也就是孔子晚年的主要生活。同时在政治见解上，他这时也有面貌一新的光景了。

当他刚回鲁国的时候，鲁哀公曾向他请教政治的大道理。他说："任用好人就是了。"鲁哀公又问："怎样才能使人民服从呢？"孔子说："任用正直的人，斥退奸诈的人，人民就服从；任用奸诈的

人，斥退正直的人，人民是不会服从的。”[①]

季康子怕人偷窃，也来请教孔子。孔子便干脆答道：“那是因为你自己贪得无厌呵，否则就是赏给人家，人家也不稀罕！”[②]

季康子又想多杀人，说是这样就可以使社会秩序安定。他询问孔子的意见，孔子说：“你执政，难道还需要杀人么？你坚决往好处做，人民就可安居乐业。上边的人好比风，下边的人好比草，风吹到草上，草会顺风倒的。”[③]

鲁国有一个很小的附庸国家，叫颛臾（在现在的山东费县西北），季康子要攻打它。这时子路和冉有都在季家做事，便来告诉孔子。孔子怀疑这事是冉有策动的，就责备冉有说：“求呵，怕是你出的主意吧？颛臾这个小国向来是鲁国的附庸，为什么还要攻打它呢？”冉有说：“季康子要这样做，我们俩都不愿意。”孔子说：“这话说不过去。你们难道没有责任么？笼里的老虎跑了，匣子里的美玉碎了，难道不怪看守和保管的人么？”冉有又辩解道：“颛臾的城堡很坚固，又靠近费城，现在不攻下，怕有后患呢。”孔子便道：“求呵，我们最讨厌那种口是心非，又制造借口的人！我听说国家不怕人少，怕的是贫富不均；不怕穷，怕的是不安定。现在仲由和冉求辅助季康子，不能使境内人民生活安定，不能让远方的人愿意往这里来投奔，却在内部动起干戈来了。我恐怕季康子的忧

---

① 见《论语·为政》篇，第十九章。
② 见《论语·颜渊》篇，第十八章。
③ 见《论语·颜渊》篇，第十九章。

患倒不在外而是在内呢！”①

这时季康子的收入是鲁国税收的一半。冉有给他当主管，帮他剥削。季康子的收入于是比往日还增加一倍。孔子为这事很愤慨，说：“冉求不再是我的弟子了！大家敲起鼓来，一齐去攻击他吧！”②

又有一次，孔子弟子公西华被派到齐国去。冉有要给公西华的母亲送些米去，来请示孔子。孔子最初说：“给她六斗四升就是了。”冉有说应该多些。孔子说：“那么，十六斗好了。”可是冉有送了好几百斗去。孔子又很生气，说：“公西赤（公西华名赤）到齐国去的时候，骑的是肥马，穿的是又轻又暖的皮袄，他并不穷呵。我听说，周济应周济那最急需的。已经富有了，还锦上添花做什么？”③

有一天，孔子经过泰山旁边，看见一个妇人在坟头上哭得很凄惨。孔子凭着车上的横板听了一会儿，便打发子路去询问：“你哭得这样哀痛，到底是为了什么呀？”那妇人说：“我公公被老虎吃了，我丈夫又被老虎吃了，我儿子最近也被老虎吃了。”“那么为什么不搬走哇？”那妇人答道：“因为要丁要税的不上这儿来呀。”孔子对弟子们说：“好好听着，暴政比老虎还可怕呐！”④

孔子的弟子受了孔子的启发，这时也多能为老百姓着想。鲁

---

① 见《论语·季氏》篇，第一章。郑注以为系季桓子时事，误。方观旭《论语偶记》、刘宝楠《论语正义》均谓季氏指康子，兹从之。

② 见《论语·先进》篇，第十七章；《孟子·离娄》上，第十四章。

③ 见《论语·雍也》篇，第四章。

④ 见《礼记·檀弓》下，第五十六章。

国为了尽量容纳压榨老百姓得来的财富，要改建仓库，孔子弟子闵子骞便说："算了吧。照旧怎么样？改建干什么？"这话很得到孔子的赞许，他说："闵损(闵子骞名损)这个人轻易不说话，一说就说得很中肯！"[①]

有一天，鲁哀公问孔子弟子有若道："年成不好，收入不够，怎么办？"有若说："收十分之一的税就是了。"鲁哀公说："收十分之二，我还不够呢。十分之一，怎么行？"有若便说："只要老百姓够吃，你还怕缺着么？要是老百姓不够吃，你又向谁要？"[②]

由于孔子的态度转趋明朗，他就更不容易在鲁国参加实际政治了。可是他并非对政治毫不关怀。

有一天，冉有退朝回来得很晚，孔子便问他："为什么这样晚？"冉有说："有事情。"孔子说："如果有大事，我虽然不在位，我还是应该知道的。"[③]

关心政治和热衷功名富贵是两件事，但孔子在往日对这两件事，是不大分得清楚的。孔子往日的奔走，其中未尝不带有功名富贵的念头。十四年的漂泊教育了他，他在这方面多少有些看开了。他这时说："吃粗菜，喝清水，枕着胳膊睡一觉，这就有很大的乐趣。那种不是用正当手段得来的富贵，在我看实在和浮云一样呵。"[④]他又说："如果富贵真是一求就可到手的话，叫我给人赶车

---

① 见《论语·先进》篇，第十四章。
② 见《论语·颜渊》篇，第九章。
③ 见《论语·子路》篇，第十四章。
④ 见《论语·述而》篇，第十六章。

我也干；如果强求也未必到手的话，那就不如让我爱做什么做什么了。”[①]

他爱做什么呢？那就是文化教育工作。

他往日每每要做第二个周公，做梦也是离不了周公。但这时他这样的梦已很少了。他自己说：“我现在身体这么不济了，我很久没梦见周公了！”其实并不只是身体不济的缘故。

这时也有人看出孔子不像往日那样积极从事政治活动了，就问他：“你为什么不从政呢？”孔子说：“只要能发生政治影响，这也就是政治呵。难道一定要到衙门里去办事才算从政吗？”[②]基于这种认识，他更把文化教育事业担承了下来。

---

① 见《论语·述而》篇，第十二章。
② 见《论语·为政》篇，第二十一章；据《白虎通》引此文，正是孔子自卫返鲁的时候。

二十五、专心从事教育工作

从三十岁左右就从事教育的孔子，在任何时期也不曾放弃教育活动的孔子，随时想到自己培育的人才出众而感到欣慰的孔子，随时感到自己的主要生活可以拿“学不厌，教不倦”来概括的孔子，现在更意识到教育工作才是自己的本行了。

由于孔子本人生活和思想上的变化，他对于他的弟子的教育前后期也有所不同，大概在早年所收的弟子是以培养他们从事政治活动为主的，晚年所收的弟子是以培养他们做文化学术工作为主的。

孔子曾经粗略地把他的弟子按照不同特长分为四类，并各举了几个代表人物，这就是，德行：颜渊、闵子骞、冉伯牛、仲弓；政治：冉有、子路；口才：宰我、子贡；文学：子游、子夏[1]。——这有点

① 见《论语·先进》篇，第三章。

颜渊(左上)、闵子骞(右上)、冉伯牛(左下)、仲弓(右下)画像,出自《至圣先贤半身像册》。

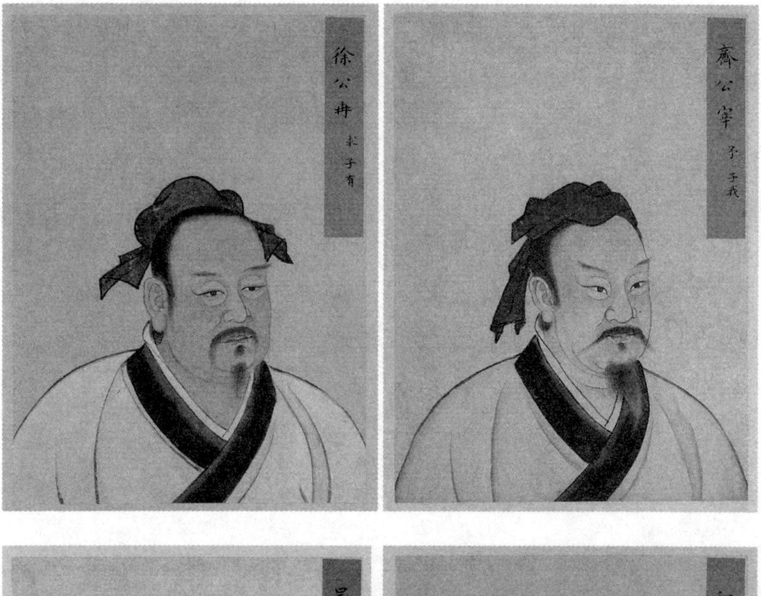

冉有（左上）、宰我（右上）、子游（左下）、子夏（右下）画像，出自《至圣先贤半身像册》。

儿像后来大学分系的光景。

自然，这样分法是不够严格的：德行在孔子看来仍然是政治人才的重要条件；政治也包括军事；口才又包括外交本领；文学也包括比后代更广泛的内容——学术。

至于施教的方法，他的最大特点是着重在启发。孔子根据每个弟子的性格、主要优缺点，而加以相应的及时的教育。子路曾经问孔子："听说一个主张很好，是不是应该马上实行？"孔子说："还有比你更有经验、有阅历的父兄呐，你应该先向他们请教请教再说，哪里能马上就做呢？"可是冉有也同样问过孔子："听说一个主张很好，是不是应该马上实行呢？"孔子却答道："当然应该马上实行。"公西华看见同样问题而答复不同，想不通，便去问孔子，孔子说："冉求遇事畏缩，所以要鼓励他勇敢；仲由遇事轻率，所以要叮嘱他慎重。"①

事实上冉有和子路的主要毛病正在这里。冉有曾告诉过孔子："不是不喜欢你讲的道理，就是实行起来力量够不上呢。"孔子说："力量够不上的，走一半路，歇下来，也还罢了；可是你现在根本没想走！"②这就是冉有的情形。子路不然，子路是个痛快人，孔子曾说他三言两语就能断明一个案子。有一次，孔子开玩笑地说："我的理想在中国不能实现的话，我只好坐上小船到海外去，大概首先愿意跟着我的准是仲由了。"子路当了真，便欢喜起来。孔子

① 见《论语·先进》篇，第二十章。
② 见《论语·雍也》篇，第十二章。

却申斥道:“勇敢比我勇敢,可是再也没有什么可取的了!”[①]这就是子路的脾气。孔子对他们说的话,都是对症下药的。

孔子对其他弟子也同样有中肯的批评。颜渊是他最得意的弟子,但因为颜渊太顺从他了,便说道:“颜回不是帮助我的,因为他对我什么话都一律接受!”[②]又如孔子是主张全面发展的,如果单方面发展,他认为那就像只限于某一种用处的器具了,所以说:“有学问、有修养的人不能像器具一样。”[③]可是子贡就有陷于一偏的倾向,所以他就批评子贡说:“你只是个器具呵!”子贡问道:“什么器具呢?”孔子说:“还好,是祭祀时用的器具。”[④]意思是说,从个别的场合看来,子贡是个体面的器具,却没有注意到全面的发展。

孔子注重启发,他善于选择人容易接受的方式给以提醒。他说:“如果一个人不发愤求知,我是不开导他的;如果一个人不是到了自己努力钻研、百思不得其解而感觉困难的时候,我也不会引导他更深入一层。譬如一张四方桌在这里,假使我告诉他,桌子的一角是方的,但他一点也不用心,不能悟到那其余的三只角也是方的,我就不会再向他废话了。”[⑤]

孔子又往往能使人在原来的想法上更进一步。子贡有一次问道:“一般人都喜欢这个人,这个人怎么样?”孔子说:“这不够。”

① 见《论语·公冶长》篇,第七章。
② 见《论语·先进》篇,第四章。
③ 见《论语·为政》篇,第十二章。
④ 见《论语·公冶长》篇,第四章。
⑤ 见《论语·述而》篇,第八章。

子贡又问："那么，一般人都不喜欢这个人呢？"孔子说："也不够。要一切好人都喜欢他，一切坏人都不喜欢他才行。"[①]

孔子对弟子使用的语言往往是含蓄而富有形象的，让人可以咀嚼，却又很具体。孔子看到有些人虽然不是不可教育，但根本不努力，又有些人却努力而不得其道，因而也没有成就，便对弟子们说："庄稼是庄稼，可是光有苗头，长不出穗儿来的，有的是；长了穗儿却是个空壳儿，不结米粒儿的，也还是有的是呢！"[②]

孔子在教导弟子的时候，最反对主观自是。他说要根绝四种东西：一是捕风捉影的猜想；二是把事情看得死死的；三是固执自己片面的看法；四是把主观的"我"看得太大，处处放在第一位[③]。

孔子也常常以自己虚心的榜样来教育弟子。他曾说："我不是生来就知道什么的，我不过是喜欢古代人积累下来的经验，很勤恳、很不放松地去追求就是了。"[④]又说："三个人一块儿走路，其中就准有我的一位老师。"[⑤]还说："我知道什么？我什么也不知道。有人来问我，我也是空空的。但我一定把人们提的问题弄清楚，我尽我的力量帮他思索。"[⑥]

一个当惯了教师的人，往往容易摆出一副无所不知的架子，有时甚而不知道的也冒充知道。但作为一个教育家的孔子却一贯

---

① 见《论语·子路》篇，第二十四章。
② 见《论语·子罕》篇，第二十二章。
③ 见《论语·子罕》篇，第四章。
④ 见《论语·述而》篇，第二十章。
⑤ 见《论语·述而》篇，第二十二章。
⑥ 见《论语·子罕》篇，第八章。

虚心，对于求知是抱有严肃认真的态度的。孔子曾向子路说道：“仲由呵，你知道什么是教育么？知道的就说知道，不知道的就说不知道，这才是真知道。一个教育者应该是这样的呵。”①

孔子常常以自己的不断求知、积极学习的态度来鼓舞弟子。他说：“我学习的时候，老怕赶不上，又怕学了又丢掉。”②他又说：“十户人家的村子，找我这样忠厚信实人不难，可是找我这样积极学习的，就比较少。”③他时常以不知疲倦地学习，以致忘了忧愁、忘了衰老来形容自己。

学习和思考都重要，他说：“光是学习，不去思考，就得不到什么；光是思考，不去学习，也是白费精神。”④但孔子更重视学习，他以自己的亲身经历告诉弟子们说：“我曾经整天不吃饭，整夜不睡觉，只管想来想去，但是没有什么收获，不如实实在在地学习有益处。”⑤

弟子有在学习上松懈的，他就加以批评。宰我白天睡懒觉，孔子就说：“烂木头是不能刻上什么的，烂土墙是不能画上什么的，我对于宰予还有什么办法！”⑥子贡忙着批评别人，而放松自责。孔子便也对他说：“端木赐呵，你这么聪明么？我就没有这么些工夫！”⑦

---

① 见《论语·为政》篇，第十七章。
② 见《论语·泰伯》篇，第十七章。
③ 见《论语·公冶长》篇，第二十八章。
④ 见《论语·为政》篇，第十五章。
⑤ 见《论语·卫灵公》篇，第三十一章。
⑥ 见《论语·公冶长》篇，第十章。
⑦ 见《论语·宪问》篇，第二十九章。

孔子最反对人在学习上自满。子路看见古代诗歌上有这么两句:“也不害人,也不求人,走到哪里,也是好人。”便老背这句话,满足了。孔子于是说:“这哪里配称好人呢?”[1]

在学习中,他很注重温习,也就是把学习到的东西要巩固起来。他说:“学习会了的东西,时常温习一下,不也很有乐趣么?”温习就能熟练,熟练就会有创造,所以他又说:“温习旧的,能产生新的心得,这样就有资格当老师了。”[2]

孔子对弟子的教育,是结合实际生活来进行的。像对于父母要尊敬,想到父母爱护子女就要注意自己健康;像与人相处要融洽,但不要迁就;像对一般人都要友爱,但更要接近好人;像做事要勤快,说话要谦虚谨慎,逢见比自己高明的人要老老实实请教等。

有一次,子路问孔子人死了以后怎样,孔子说:“活着的问题还没解决,管死了以后做什么?”子路又问:“该怎样对待鬼神?”孔子说:“对待人还没对待好呢,谈什么对待鬼神!”[3]孔子就是这样看重实际问题,而不喜欢空论的。孔子也很少谈怪异、武力、变乱、鬼神[4]。在做人道理方面,如果提得太高而不切实,孔子也是不许可的。子贡曾说:“我不愿意别人对待我的,我也不要照样对待别人。”孔子便说:“赐呵,这不是你现在能做到的!”[5]

---

① 见《论语·子罕》篇,第二十七章。
② 见《论语·为政》篇,第十一章。
③ 见《论语·先进》篇,第十二章。
④ 见《论语·述而》篇,第二十一章。
⑤ 见《论语·公冶长》篇,第十二章。

孔子也经常通过对历史人物的批评向弟子进行教育。例如有一次子路问起管仲在齐国的内战中没有为自己所拥戴的公子纠死节，是不是还可以称为好人呢？孔子说："齐桓公能够多次会合诸侯，不靠武力，使天下有统一的希望，这就是管仲的功劳，这还不算好人么？这还不算好人么？"[①]又有一次，子贡也问起同样的问题，孔子也说："管仲帮助齐桓公，使他成为诸侯的领袖，使天下有统一的希望，人们到如今还受他的好处，如果不是管仲的话，我们早要被外族征服了，连服装都改了呢。我们要求管仲的，难道只像对一个普通的男人女人那样死节，在河边上了吊，无声无息，什么功劳也没有，才算好么？"[②]在评价管仲的话里，表现了孔子政治上的大一统主张和重民轻君的思想。

不过，在阶级社会里，孔子的思想不能不受到一定的限制。就是在教育方面，他虽然讲究踏实，但他反对劳动教育。其实孔子从小比较穷苦，搞生产是有一手的，弟子们也是知道的。可是有一回，樊迟想跟孔子学种田，孔子就板起脸说："我不如老农夫！"樊迟又想跟孔子学种菜蔬，孔子说："我不如老种菜的！"樊迟退出后，孔子还跟别的弟子说："樊迟真下贱呵，想学这个！"[③]

尽管如此，孔子的教育方法还是有很多可取的特点，这就是：因材施教，注重启发，以身作则，踏实虚心。所以他的弟子颜渊曾这样称叹："咳，往上看吧，越看越高；往里钻吧，越钻越有东西。

---

① 见《论语·宪问》篇，第十六章。
② 见《论语·宪问》篇，第十七章。
③ 见《论语·子路》篇，第四章。

瞧着在前头呢，忽然又转到后头了。老师是一步一步地善于诱导呵。给我最广泛的东西，又给我最扼要的东西，让我想要停下也不能够。我费心竭力地跟着他跑，仿佛刚要赶上了，但是他又跑到前头了，总是赶不上。”[①]

① 见《论语·子罕》篇，第十一章。

二十六、编写《春秋》

孔子不但经常通过对历史人物的批评向弟子进行教育，而且他本人也是中国最早的历史学者之一。

他对历史，特别是文化史，有极浓的兴趣，他根据鲁国的史书，也参考了各国的史书，着手编写历史著作——《春秋》。《春秋》本来也是各国旧史书的名称。

他曾说："我不会创作，我只是转述；我喜欢古代的东西，并且愿意做解释的工作。"[①]这是谦虚，但也是真话。

他有一个历史学者所具有的尊重史料和选择史料的习惯。他说："有些人他什么也不知道就去动笔创作，我不是这样子的。多打听打听，选择那最好的；多见识见识，记住那最重要的。不必忙着叫人认为像知道一切的样子！"[②]

---

① 见《论语·述而》篇，第一章。
② 见《论语·述而》篇，第二十八章。

有一次，孔子对弟子们说："历史上残缺的文字，我从前还见到过。现在这种残缺的文字简直看不到了。"[①]这就是孔子留心史文的实例。

历史文献不足，在孔子当时已经成为问题了。孔子说："夏代的礼制，我是能讲一讲的，但是杞国（夏代后人所建）所保存的文献太少，已经没法加以考证了；殷代的礼制，我是能讲一讲的，但是宋国（殷代后人所建）所保存的文献太少，已经没法加以考证了；如果文献充分，我是能够考证出结果来的。"[②]

当然，孔子当代（周）的文献是很丰富的，所以孔子说："周代文化承继夏殷二代，于是更完备更灿烂了！我赞成周代。"[③]这也就是孔子长期间想做第二个周公的缘故，因为在孔子看来，周公正是周代文化的奠基人。

孔子也企图寻找历史的规律性。他的弟子子张有一次问道："十辈以后的事可以知道么？"孔子说："殷代的文化是承继夏代来的，不过有些增减；周代的文化是承继殷代来的，不过有些增减。那么，依此类推，就是百辈以后也可以约略估计了。"[④]当然，孔子还不能够知道科学的社会发展规律，然而从孔子的话来看，他是认为历史发展是有规律可循的，而且是可以预见的，这是无疑的。

也就因为如此，孔子便很自信地认为业已获得一套政治建

---

① 见《论语·卫灵公》篇，第二十六章。

② 见《论语·八佾》篇，第九章。郑注："献犹贤也。"文献是文章贤才的意思。但我认为这里仍应把文献当作普通所谓文献讲。

③ 见《论语·八佾》篇，第十四章。

④ 见《论语·为政》篇，第二十三章。

设、文化建设蓝图,并认为这套蓝图是有历史根据的。所以他说:“齐国如果变革得好,可以达到鲁国所已达到的程度;鲁国如果再变革得好,就可以达到近乎理想的程度了。”[1]这就是他风尘仆仆,奔走各国,希望实现自己理想的缘故之一。

自然,事实上当时的现实是并没有实现他的理想的条件的。因此,孔子便只有把他的理想贯注到他所编写的《春秋》中去,企图通过历史事实的编述,具体地表现他的主张。

春秋时代,社会开始剧烈变动,阶级关系、社会秩序以及一切有关事物都表现出新与旧的斗争和矛盾发展。在新的没能代替旧的之前,社会状况、政治状况必然显得异常混乱。孔子是要求社会安定、政治上大一统的,这本是符合历史发展的要求的,但是由于时代的限制,孔子还想不出适合走往大一统的新的形式,反而要在旧秩序之下实现大一统,这又是开倒车了。他认为国君要是真像个国君,臣子要是真像个臣子,以及一切有身份的家庭父子之间,都能各按名分,依礼相处,好像天下就容易太平了。在他早年对齐景公的谈话中以及当他在卫国对子路抒发“正名”论的时候,就表现了这一种政治伦理思想。这种思想,使孔子白白地奔走了一辈子。到了晚年,他虽然知道终于不能实现自己的主张了,但是他还要在《春秋》中做起文章来。

这样,他所编写的《春秋》就不尽是客观的事实记录了,而是有主观看法的。记载一件事情,往往不是写的事情本身怎样,而是写他认为事情应当怎样。例如孔子认为当时的吴、楚两国还不是

① 见《论语·雍也》篇,第二十四章。

文明的国家，所以它们的国王虽然自称为王，孔子在书里却不把他们称作王；又如晋国曾把周天子叫了去，孔子认为如果照写，便损害周天子的尊严，于是只写作周天子到某地去打猎[①]。这就是所谓《春秋》的名分大义，这就是后代的统治者为什么十分看重《春秋》的道理，这也就是《春秋》还不足称为一部严格意义的史书的缘故。

然而尽管如此，《春秋》还是有着值得称道的特点，是我国文化遗产中一部具有历史意义的作品。

因为，《春秋》是中国保存下来最早的，也是世界上最早的一部编年史。它具有鲜明的时间观念，记载历史事件、天文现象（如日食、月食）发生的年、月、日，都很精确。它的另一个特点是神话色彩很淡，主要是写人的历史，这在二千多年前是难能可贵的。《春秋》中虽然有着不少孔子的主观企图，但他是以极其严肃认真的态度来编写的。孔子在其他方面的文字工作，每每听从别人修改，并不坚持己见。独独在《春秋》上，他要写就写，要删就删，千锤百炼，一字不苟，连擅长文学的弟子子游、子夏也不能参与什么意见，甚至不能动一字[②]。他重视到如此地步，曾说："后代人知道我孔丘的，将因为这部《春秋》；后代人责骂我孔丘的，也将因为这部《春秋》。"[③]可见孔子简直把《春秋》当作他的第二生命了。

这部《春秋》，是孔子重新回到鲁国以后，在有限的岁月里完成的。

---

① 见《史记·孔子世家》；《左传》僖公二十八年。
② 见《史记·孔子世家》。
③ 见《孟子·滕文公》下，第九章。

二十七、整理诗歌和音乐

孔子对于音乐是有很深的情感的，我们从他在齐国因为听到《韶》乐而有三个月不知道肉味儿这件事里已可看出了。

孔子对音乐下过很大的功夫，同时，也像他在其他方面的学习一样，是虚心而踏实的。他跟鲁国音乐专家师襄子学琴的故事，就是一个具体例子。在他学了一些日子后，师襄子说："可以学新的了。"

孔子说："不行，我只学得曲子，拍子还不准确呢。"

过了些时候，师襄子说："拍子行了，可以学新的了。"

孔子说："不行，我还没把握其中的主题呢。"

又过了些时候，师襄子说："主题已经把握了，可以学新的了。"

孔子说："还不行，我还没有深刻地理解作者呢。"

再过了些时候，孔子才说："我现在摸索出来了，这是一个有深邃的思想的人，这是一个很乐观而眼光又很远大的人，这是一

《孔子圣迹图之在齐闻韶图》，明·仇英绘。

个好像抱有统一全国的志愿的人。难道这是周文王么？不是他，谁还能作这样的歌曲呢？”

师襄子不得不佩服了，恭恭敬敬地挺起身来说：“我们老师正是说这些乐章相传是周文王作的呢。”①

后来孔子向师襄子形容他所理解的当时乐章的情形时说：“现在的乐章大概是这个样子：刚奏乐的时候，很缓慢和平；到了乐章的主要部分，就各种乐器齐奏，很谐和，而音节明晰；最后，像抽丝一样，慢慢停下了，这就是终止。”②他说得这样具体，使我们在二千多年以后还能够想象那时乐章是怎样组成的。

歌唱已是孔子日常生活中不可缺少的一部分。除非这一天有出门吊丧等哀戚的事，他才停止歌唱③。他又每每喜欢听别人歌唱，如果唱得好，他就叫人再来一遍，他自己也跟着来一遍④。

孔子对音乐是十分精通的。他曾批评舜的《韶》乐是尽美尽善的，而周武王的《武》乐却只可以说是尽美，还不是尽善⑤。原因是，前者不只好听，而且表现和平思想；后者虽好听，但有些鼓动战争的气息。孔子是反对战争而赞美和平的。这说明孔子对艺术的批

---

① 见《孔子家语·辨乐》篇，《韩诗外传》五。《史记·孔子世家》叙此事于孔子在卫时，但据高诱《淮南子·主术训》注，师襄子鲁乐太师，所以应系返鲁后或壮年时事。

② 见《论语·八佾》篇，第二十三章。郑注：“始作谓金奏时，闻金作，人皆翕如变动之貌。”我觉得这样和“翕如”的意思不太符合，此间以我从前听自祭孔时的音乐印象，意译如此。

③ 见《论语·述而》篇，第十章。

④ 见《论语·述而》篇，第三十二章。

⑤ 见《论语·八佾》篇，第二十五章。

评是技巧与内容兼顾的。

在中国古代第一部诗歌总集——《诗经》中的第一首诗歌是《关雎》,歌的大意是:

关关叫着的双鸠鸟,
停留在河里小洲上,
苗条善良的小姑娘[①],
正是人家的好对象。

水里的荇叶像飘带,
左边摇来右边摆,
苗条善良的小姑娘,
睡里梦里叫人爱。

这样的姑娘求不到,
起来躺下睡不着,
黑夜怎么这么长?
翻来覆去到天亮。

水里荇菜不齐整,
左边揪来右边揪,

① “窈窕”,就声音说,就是“苗条”。

苗条善良的小姑娘，
弹琴鼓瑟的好朋友。

水里荇菜长又短，
左边选了右边选[1]，
苗条善良的小姑娘，
钟鼓迎来好喜欢！

这是一首民歌，是孔子很喜欢的一首民歌。古代诗歌和音乐是结合着的。就音乐说，孔子曾这样称赞它："从音乐家师挚所奏的序曲到配合《关雎》这个歌词的最后乐章，听起来井然有序，叫人觉得圆满充实，真舒服极了！"[2]就这首民歌的内容说，孔子又这样称赞它："《关雎》表现愉快的情绪，但不是淫荡；《关雎》也表现悲哀的情绪，但不是颓丧。"[3]这是季札的见解的发挥，同时也代表孔子自己对艺术的要求：适度而不是过分，健康而不是病态。

孔子曾经借用《诗经》中《鲁颂·駉》这一篇中的一句话来概括整部《诗经》，他说："三百多篇诗歌，归结一句话：'思想不要下流'。"[4]这可以看出孔子特别重视文艺作品的思想内容，也十分理解文艺作品的教育作用的。当然，孔子所要求的思想内容和教育作用是为贵族阶级服务的，这是有着时代限制和阶级限制的。

---

① 陈奂《毛诗传疏》："芼者覒之假借字，《说文》：'芼，择也。'"
② 见《论语·泰伯》篇，第十五章。
③ 见《论语·八佾》篇，第二十章。
④ 见《论语·为政》篇，第二章。

孔子把诗歌当作向弟子进行教育的重要项目之一，在这种场合，孔子便从更广阔的方面来估计诗歌的价值了，所以他说："年轻的人为什么不多学习些诗歌？诗歌给人鼓舞，给人借鉴，教导人如何融洽地相处，教导人如何刺讽不良的政治，教导人在家庭里如何对待父母，教导人在朝廷里如何对待国君，而且学习诗歌，可以多认识一些花草、树木、飞禽、走兽的名字呢。"①

根据当时的外交习惯，一些流行的诗歌是常常被应用在国际交涉上的，交涉双方往往借现成的诗歌来巧妙地表达自己的意图，而应付的人也必须更巧妙、更敏捷地借现成的诗歌来对答，这样才算不失体面。孔子因为自己的弟子可能担任外交工作，便也鼓励他们学诗歌。他曾提醒他们说："三百多篇诗歌，就是都背得了，可是如果让你当使者到各国去，别人提出来，你却答不上，那么背再多了又有什么用处呢？"②

对于自己的孩子孔鲤，孔子也着重地叫他学习诗歌。孔子曾问他："《诗经》中《周南》《召南》这两部分你学了么？不学《周南》《召南》，可就像一个面向墙根儿迈不动步的大傻瓜呵！"③

和孔子在进行其他方面的教育时所采取的启发方法一样，孔子在诗歌的学习上也鼓励弟子们举一反三。有一天，子夏问道："有一首诗歌上说：

---

① 见《论语·阳货》篇，第八章。
② 见《论语·子路》篇，第五章。
③ 见《论语·阳货》篇，第八章。

笑起来有两个酒窝呵，
动人的眼睛有黑又有白，
素净的底子呵，
才可以画出好看的画儿来。

这怎么讲？"孔子说："先有好底子，才能有好装饰。"子夏听了便道："那么，应该先有真感情然后才可以讲礼节吧？"孔子于是叫着他的名字说："商(子夏姓卜名商)呵，你给了我启发。你有资格谈诗了。"①

又有一次，子贡问道："贫穷了也不谄媚人，富贵了也不对人骄傲，好不好？"孔子说："这样自然可以。但是还不如就是贫穷也仍然钻研学问，就是富贵也仍然讲究礼节。"子贡说："有一首诗歌上说：

如切如磋，
如琢如磨。

老师对我的教育，就像琢磨玉石似的，使我的认识更进一步了。"孔子也叫着他的名字说："赐呵，你有资格谈诗了！因为，告诉你这样，你就会悟到那样。"②

---

① 见《论语·八佾》篇，第八章。
② 见《论语·学而》篇，第十五章。

孔子自己读诗，也用这种方法：通过想象力，在诗里悟出一些道理。例如一首诗上说：

小桃白花儿呵，
开开又合上，
我不是不想你呵，
只因家远路又长。

孔子便道："其实不曾真的想念呵，真的想念，还管远不远么？"于是进一步便想到，如果一个人在学习上肯思考，就一定可以得到要学习的东西。更进一步又想到，在人思考的深度上，以及在学习与应用之间的联系上，都有不同的情况。他说："大家在一块儿学习了，但未必都在同样程度上理解道理；就是在同样程度上理解道理了，但未必都有自己的见解；纵然都有自己的见解了，但未必都能在不同的场合运用那些道理。"①

诗歌、音乐，加上礼节，是孔子教育内容的三个不可分割的组成部分。孔子在提到一个人应该受完全的教育时说："先从诗歌的教育鼓舞起人善良的倾向，再在礼数上加以约束，最后完成在音乐的陶冶里。"②当然，孔子对弟子的教育，除了这三个组成部分之外，也还有政治教育、历史教育等等，然而孔子无疑是拿这三种教

---

① 见《论语·子罕》篇，第三十一章。唐棣即小桃白，据郝懿行《尔雅义疏》。
② 见《论语·泰伯》篇，第八章。

育当作人格培养的主要手段的。

在礼乐的教育上，孔子注重精神实质。他曾说："人如果不懂得做人的道理，礼有什么用呢？人如果不懂得做人的道理，乐有什么用呢？"[①]他又曾说："我们讲礼，难道只是指佩戴什么，送人什么东西么？我们讲音乐，难道只是指怎样撞钟敲鼓么？"[②]

孔子为了郑重地进行诗歌礼节的教育，为了给人正确的概念，在他讲诗讲礼的时候，是和他正式讲解其他书一样，使用着当时的标准语言。——否则他就说土话了[③]。

当然，我们不能忘记孔子是很重视政治生活的人，因此他对诗歌音乐的重视也就不能不和政治生活联系起来。

在等级制的社会里，音乐的演奏也反映贵贱等级的秩序，在当时被认为有严重的政治意义在里面。鲁国的贵族季氏用了六十四人的歌舞，孔子认为这是破坏当时的等级制度的，因为只有周天子才可以用这样多的人的乐队，鲁国的国君由于得到周天子的特别允许也才用这样的乐队，而季氏贵族是不够资格的。孔子曾认为这事是不可容忍的。还有，当孔子看到鲁国其他两家贵族也在宗庙里演奏《诗经》中《周颂·雍》篇的时候，便也表示过同样的愤慨[④]。

受了孔子教育的子游，当他在武城当地方官的时候，就实行

---

① 见《论语·八佾》篇，第三章。
② 见《论语·阳货》篇，第九章。
③ 见《论语·述而》篇，第十八章。
④ 见《论语·八佾》篇，第一章、第二章。

了孔子把音乐作为政治建设的组成部分的理想。孔子游历到武城，听见琴声和歌声，就笑了，说："宰只鸡罢了，使出宰牛的力气来了！"子游答道："这是我实行老师的主张呵。"孔子望着跟从的弟子说："对呀，偃（子游姓言名偃）说得对。我刚才是和他开玩笑呢。"①

深知艺术对于人类的教育有巨大效果的孔子曾这样说："做一件事，知道非做不可才去做，不如愿意去做的好，更不如做起来觉得有一种乐趣的好。"②所以做事一定要培养对事的感情，艺术的感染也是一种培养的途径，这就是孔子为什么重视诗歌和音乐的理由。

孔子本人也是深受文学艺术的教育的好处的。我们看，孔子的语言很富有形象性和暗示性，换句话说，就像诗一样。孔子的精神就是很乐观、很积极，像健康的音乐一样；他自己身上体现了他所指出的文学艺术所应起的良好作用。

孔子既把诗歌音乐和教育联系起来，也把诗歌音乐和政治联系起来，而且把它当作了具有极其重大意义的组成部分，于是孔子在从卫国回到鲁国的晚年，就把整理当时流行的诗歌和音乐当作了首要的工作。他曾得意地说："我从卫国回到鲁国以后，诗歌的乐谱才入了正轨，错乱的歌词才就了序。"③他这一工作是规模宏大的，几乎触及当时全部流行的歌词和乐谱。正是主要靠了他

---

① 见《论语·阳货》篇，第三章。
② 见《论语·雍也》篇，第二十章。
③ 见《论语·子罕》篇，第十五章。

的整理、提倡、保存,那部辉煌的古代诗歌总集——《诗经》——才广泛流传起来。

通过自己对诗歌和音乐的辛勤地钻研,深切地理解到它的作用,发挥到教育上,提高到政治上,并且自己做出了成绩,给后代保存了一些有价值的东西,也给了后代许多珍贵的启示:这就是孔子在文学史、艺术史上的贡献。

二十八、弟子颜渊和子路的死

孔子这时已经是七十岁左右的老人了。像孔子那样享着高年的人，自然会见到一些比他年轻一些的人的死亡。这在老年人说来，是会分外地觉得感伤的。

在他六十九岁上，他的唯一的儿子孔鲤死了。孔鲤死时已五十岁。——孔鲤有一个儿子叫孔伋，号子思，子思后来也是著名的学者。

老年丧子，终是伤心的事。但更不幸的是，过了两年，在孔子七十一岁的时候，不愉快的事接二连三而来。先是这一年的春天，有人在鲁国西郊打猎，打了一只像麒麟一般的动物。麒麟在传说中是一种仁慈的兽，它一出现，向来认为天下要太平的，但现在被打死了，孔子觉得这就不是好兆头。孔子于是哭了[1]。不久，孔子又

---

① 见《公羊传》哀公十四年。

孔伋（字子思）画像，出自《三才图会》。

眼见他最得意的弟子颜渊死去。

孔子是非常器重颜渊的。颜渊生活很穷困,但是并不因为穷困而放松了自己的学习。孔子曾说:"颜回(颜渊名回)太好了!吃的是粗饭,喝的是清水,住在又窄又小的巷子里,要在别人就愁死了,但是颜回还是照常快乐。颜回太好了!"①

孔子又曾说:"告诉一个人如何学习,听了从来也不懈怠的,大概只有颜回了。"②

颜渊不只学得孔子乐观、积极、勤奋不息的精神,而且也学得了孔子的谦虚。他原是很聪明的人,孔子曾问子贡说:"假如你和颜回比,你觉得谁聪明?"子贡说:"我怎么敢比他?颜回听到一桩,就能悟到十桩,我顶多听到一桩,悟到两桩。"孔子说:"对了,你赶不上他。我和你都赶不上他!"③子贡就算聪明了,还赶不上,连孔子也承认赶不上。但是颜渊平常虚心到像傻子一样。孔子说:"我和颜回谈一天,他也不反驳,就像笨得要命。可是我事后自己想想,他也给了我些启发,他不笨呵。"④

孔子是有政治热情的人,但却并不怎么迷恋功名富贵。颜渊也是这样的。在一般人看来,颜渊是有宰相之才的,可是他并不急于做官。所以孔子曾对颜渊说:"有机会就实现理想,没机会也能安心,只有我和你可以做到。"⑤

---

① 见《论语·雍也》篇,第十一章。
② 见《论语·子罕》篇,第二十章。
③ 见《论语·公冶长》篇,第九章。
④ 见《论语·为政》篇,第九章。
⑤ 见《论语·述而》篇,第十一章。

总之，颜渊就是一个小孔子。这样的一个弟子死了，孔子当然要痛哭。当他刚听到这个消息的时候，就说："老天要了我的命了，老天要了我的命了！"①

孔子哭得是如此哀恸，连自己是在哀恸中也不觉得了。别人说："你太哀恸了！"他说："哀恸么？我竟忘了自己了。这个人死了再不哀恸，还哀恸谁呢？"②

颜渊的父亲颜路，自然也是悲伤的。他想给颜渊葬得好一点，想买一副套棺，可是买不起，就去请求孔子，把孔子的车子卖了，去换一副套棺。这是使孔子为难的事情。孔子只好率直地告诉他："不管成材料不成材料吧，咱们是各人说各人的孩子呵。鲤儿死的时候，也是只有一层棺。没法子！我不能出门不坐车。因为我有时还和朝中做官的来往，我不能跟着他们步行呵。"③说得两个老人都伤心起来了。

孔子的弟子们也想厚葬颜渊。可是孔子觉得哀悼也不应表现在这上头，太过分了是不适宜的，就说："不行！"但是弟子们终于厚葬了颜渊。孔子说："颜回待我像父亲，可是我没能待他像儿子。这是弟子们干的呵，我也做不了主了。"④

这一年——公元前481年的夏天，齐国发生了政变。逃亡到齐国的陈国贵族陈氏（在齐改姓田氏），在齐国掌握政权已有八代，

---

① 见《论语·先进》篇，第九章。
② 见《论语·先进》篇，第十章。
③ 见《论语·先进》篇，第八章。
④ 见《论语·先进》篇，第十一章。

这时更把齐国国君齐简公杀了。到战国时期(公元前403—前221年),田氏就篡夺了齐国政权。齐国这次政变是韩、赵、魏三家分晋的先声。在某种意义上说,齐国政变可算是战国时代的序幕。不过在孔子当时,他还看不出其中的历史意义,只能感到这是大变动,很不以为然。

七十一岁高龄的孔子着了急,他最后一次表现了对政治形势的关切。他郑重地去告诉鲁哀公说:“陈氏把齐君杀了,请出兵讨伐!”可是鲁哀公是怕事的,而且鲁国的政权实际上又掌握在三家贵族手里,鲁哀公便推给三家贵族,说:“问他们好了。”孔子说:“因为我从前参与过政治,所以不敢不来告诉;您却要我去问他们,我就只好问他们了。”孔子就又去告诉了三家贵族,但这三家贵族在鲁国的情形原和齐国的陈氏差不多,当然不会过问这种事。孔子碰了钉子[①]。在齐国这一次政变中,孔子的弟子宰我牺牲在齐国[②]。

第二年孔子又遇上了一件不幸的事,这就是他最亲密的弟子子路也死了,而且死得很惨。

原来子路是有勇而无谋的。孔子曾经不止一次地告诫过他。有一次,子路问孔子:“如果你率领三军的话,要带谁去呢?”因为子路以勇敢出名,他以为孔子一定说要带他。可是孔子说:“我绝不带赤手空拳就和老虎打一通的人,我也绝不带莽莽撞撞一点准

① 见《论语·宪问》篇,第二十一章。

② 见《史记·仲尼弟子列传》。但有不相信此事的。兹依梁玉绳、全祖望、宋于庭诸人说,认《史记》所记为是。

备也没有就要过河的人。我要的是遇到战事能谨慎戒惧、善于策划而能成功的人。”[1]孔子还认为子路性子太直了，太好强了，平常就觉得他不会善终似的[2]。

子路对孔子的事业最热心，虽然因为心直口快，常常受孔子的申斥，但对孔子的感情始终很好。有一次，子路的好意又给孔子顶了回去。事情是这样的：有一回，孔子病得很重，子路为了让孔子高兴，就叫其他弟子当作孔子的家臣，摆一摆场面，仿佛孔子还在做官似的，其实这时孔子已经退休了。这被孔子发觉了，很生气，说：“很久以来仲由就这样会做假了！没有家臣，装作有家臣，骗谁？骗老天么？而且不一定死在家臣手里就好呵。我与其死在家臣手里，何如死在弟子手里呢？我纵然得不到政府的厚葬，难道还怕死在路上没人掩埋吗？”[3]

虽然子路常常挨孔子的骂，然而因为子路是个直爽的人，孔子对他也就最容易说出真心话，同时子路也有不少长处，像正直，勇敢，听了就做，说得出就做得出，没有任何犹豫，而且如果别人指出他的毛病就高兴等[4]，因此孔子对他仍是十分爱惜的。

子路是死在卫国的。原来卫出公立了十二年以后，他父亲蒯聩又来夺取王位。这时子路在卫国的一个贵族孔悝那里做官。孔悝是蒯聩的外甥。孔悝并不赞成蒯聩。可是孔悝的母亲，即蒯聩的

---

① 见《论语·述而》篇，第十一章。
② 见《论语·先进》篇，第十三章。
③ 见《论语·子罕》篇，第十二章。
④ 见《孟子·公孙丑》上，第八章。

姐姐，却欢迎蒯聩，原因是她在孔悝的父亲死后，爱上一个仆人叫浑良夫的，蒯聩支持她这一段爱情，并允许她改嫁。结果，孔悝的母亲和浑良夫当了蒯聩的内应。

蒯聩潜回卫国，住在孔悝的菜园里。孔悝的母亲就帮蒯聩来强迫孔悝也参加政变。他们是那样匆忙，要歃血为盟了，连牛也来不及找，就抬了一头猪来。孔悝的母亲拿着戈，蒯聩带着五个武士，就把孔悝从厕所里寻了出来，胁迫他登上了立盟约的土台子。

孔悝的家臣栾宁这时正在烤肉吃酒，也没等肉烤熟，就赶快派人去告诉子路。栾宁又急忙找了一辆车，一路上吃着烤肉，护送着卫出公逃往鲁国去了。

子路听到消息，就赶了来，要进城。恰巧孔子另一个也在卫国做官的弟子子羔从城里出来。子羔说："城门已经关了。"子路说："我是赶来的呢。"子羔劝他离开。他说："吃人家的饭，在人家出了事情的时候不该怕出头。"子路瞅了一个使者出城的空，进了城。

他主要是想救出孔悝。他对蒯聩说："何必一定扣住孔悝呢？就是杀了他，也还会有别人来继续反对你的。"但蒯聩没有听。子路料到蒯聩胆小，便准备在土台子下放起火来，以为蒯聩怕火，会释放孔悝。

蒯聩果然怕火，但没有放出孔悝，倒派了两员勇将下来和子路战斗起来。子路受了重伤，帽缨也断了。子路说："好汉临死的时候，帽子还是要戴正的。"他在把帽缨结好的时候，断了气；身体被剁成了肉酱。蒯聩终于取得了卫国的王位，这就是卫庄公。

孔子一听说卫国发生政变，就感到不安，说："高柴（子羔名高柴)还可以安全回来,仲由一定牺牲了。”[1]不久果然凶信到了,孔子就在院子里哭起来。这时有来吊唁的,孔子立刻还了礼。孔子哭完了,才又问起子路怎么死的,送信的人说:“成了酱了!”孔子便赶快叫人把屋子里吃的酱盖起来,为的是怕看了心里难受[2]。

颜渊和子路的死,对于孔子都是沉重的打击。一个是最好的弟子,一个是最亲的弟子,共过若干患难,相处过三四十年,现在都离开他了。

① 见《左传》哀公十五年。
② 见《礼记·檀弓》上,第七章。

二十九、孔子最后的歌声

孔子这时的生活露出了凄凉的晚景。现在只有子贡、子夏、曾子等这班年轻的弟子陪伴着他了。

一天，他对子贡说："没有人了解我呀！"子贡说："怎么说没有人了解你呢？"孔子说："我也不抱怨天，我也不怪什么人。我一生刻苦学习，有了现在这样的成就，只有天知道罢了。"[①]

又有一天，他又对子贡说："我不再想说话了。"子贡说："你如果不说话，我们拿什么作为准绳呢？"孔子说："天说什么来么？还不是一样有春夏秋冬，有万物生长么？天说什么来么？"[②]

子贡知道孔子的心情不同往日了。

现在到了孔子生命的最后一年了。

---

① 见《论语·宪问》篇，第三十五章。
② 见《论语·阳货》篇，第十九章。

这时是公元前479年，鲁哀公十六年。在这年的春天，孔子病了。

一天清早，子贡来看孔子。孔子已经起身，正背着手，手里拿着拐杖，在门口站着，像是等待什么的样子。孔子一见子贡来了，就说道：“赐呵，你为什么来得这么晚呢？”于是子贡听见孔子唱了这样的歌：

泰山要倒了，
梁柱要断了，
哲人要像草木那样
枯了烂了！

这是孔子最后的歌声，“哲人”是孔子最后对自己的形容。孔子唱着唱着就流下泪来。子贡感到孔子已经病重了。

子贡赶快扶他进去。这时又听见孔子说：“夏代人的棺材是停在东阶上的，周代人的棺材是停在西阶上的，殷代人的棺材是停在两个柱子中间的。我昨夜得了一梦，是坐在两柱间，受人祭奠呢。我祖上是殷人呵。我大概活不久了。”

孔子从这天起病倒在床上，再也没起来。经过七天，孔子在弟子们的悲痛中离开了他们[1]。

鲁哀公亲自为孔子作了祭文，那祭文上说：“上天不仁呵，连

① 见《礼记·檀弓》上，第四十四章。

个老成人也不给留下。剩下我一人在位，孤孤零零，担着罪过。咳！尼父（指孔子）呵，我今后向谁请教呵！”①

孔子死的时候是七十三岁。他的遗体葬在现在山东曲阜城北泗川旁边，就是被称为“孔林”的地方。

孔子死后，他的弟子像失掉了父亲一样的哀痛，有很多人在他坟旁搭棚，住了三年。过了三年，在分别的时候，大家又都哭了。子贡还不忍离开，又住了三年。

此后，弟子们还是常常思念孔子。他们觉得他们之中的有若很像孔子，便想拿有若当孔子来侍奉。子夏、子游、子张都赞成这样做，但是曾子提出不同意见。曾子说：“这不成。我们谁能比老师呢？老师就像江水洗过、太阳晒过那样的洁白光明，谁也比不上呵！”②

孔子死后，弟子们常常清晰地回忆起孔子日常为人的态度。孔子是非常富有同情心的。他本来每天唱歌，但是逢到这一天有吊丧的事，他就停止了歌唱。他见到穿孝服的，见到瞎子，就是年轻的，见了也一定起坐，路上碰到也是赶快迎上前去。而且即使是很亲昵的朋友，如果有了丧事，也一定表示严肃的哀悼；即使是日常可以开玩笑的，假若是穿上丧服或者眼瞎了，那就一定对他们保持礼貌③。

有一次，一个瞎了眼的音乐师叫冕的来见孔子。他走到台阶，

① 见《礼记·檀弓》上，第一〇七章；《左传》哀公十六年。
② 见《孟子·滕文公》上，第四章。
③ 见《论语·子罕》篇，第十章；《乡党》篇，第十九章。

曾子(名参,字子舆)画像,出自《三才图会》。

孔子就告诉他："是台阶。"他走到屋子里席子上，就告诉他："是席子。"等他坐下了，又介绍给他屋里的人："某某坐在这里，某某坐在那里。"等他走了，弟子子张便问道："这样不太琐碎么？"孔子说："接待瞎眼的人，是应该这样子的。"[①]

有一次，马棚失火。孔子首先问："伤了人没有？"不问伤不伤马[②]。

孔子的弟子公冶长不幸被捕入狱，孔子发觉不是他的过错，不但丝毫没有看不起他的意思，而且把自己女儿嫁给了他[③]。孔子对于人的同情和关怀就是如此。

孔子也很爱动物。孔子养的一条狗死了，便叫子贡去埋起来，并告诉他说："我听说，破帐子别扔，好埋马；破车盖儿别扔，好埋狗。我穷得连车盖儿也没有，你拿我的破席子去把狗盖了吧，别叫它的脑袋露着呢。"[④]

孔子对于老朋友，每每一直保持着友情。就是和自己作风不同的，也不肯轻易绝交。他有一位老朋友叫原壤，原壤是随随便便的人，孔子曾挖苦他说："年轻时就不规矩，长大了也没有出息，你这老不死的，真是一个贼呀！"说着便用拐杖照他的大腿敲了几下[⑤]。

可是原壤死了母亲，孔子还是帮助他收拾棺材。原壤却疯疯

---

① 见《论语·卫灵公》篇，第四十二章。
② 见《论语·乡党》篇，第十一章。
③ 见《论语·公冶长》篇，第一章。
④ 见《礼记·檀弓》下，第六十五章。
⑤ 见《论语·宪问》篇，第四十三章。

癫癫似的跳在棺材上，打着棺材板儿，冲着孔子笑嘻嘻地唱起来。

孔子像没有听见一样，不理他。跟随孔子的弟子却忍不住了，说：“这样的朋友，还不该绝交么？”

孔子微笑着说：“不是说，原是亲近的还应该亲近，本来是老朋友的也还是老朋友么？”[①]

孔子给人的印象是谦和的，但是他对于认为该做的事，又是坚决地去做的。他曾说：“看见应该做的事不去做，就是没有勇气。”[②]又说：“对于应该做的事，就不用客气，就是老师，也要和他比赛比赛。”[③]他还说：“早上明白了真理，就是晚上死了也值得！”[④]

他说过的那句话：“到寒冬，人们才知松树和柏树是不易凋零的。”[⑤]这可以看作是他晚年的自赞。他又说：“我到了七十岁上，才做到无拘无束，可是一举一动，也都离不了谱儿。”[⑥]这可以看出他是无时不在努力，年年有进境的。

这些片断印象，常常泛上弟子们的记忆，也就被记录了下来。

和弟子们对于孔子的崇敬相反，鲁国的贵族还是像从前一样毁谤孔子。子贡说：“没有用呵。孔子是毁不掉的。这能对孔子有

---

① 见《礼记·檀弓》下，第六十九章。
② 见《论语·为政》篇，第二十四章。
③ 见《论语·卫灵公》篇，第三十六章。
④ 见《论语·里仁》篇，第八章。
⑤ 见《论语·子罕》篇，第二十九章。
⑥ 见《论语·为政》篇，第四章。

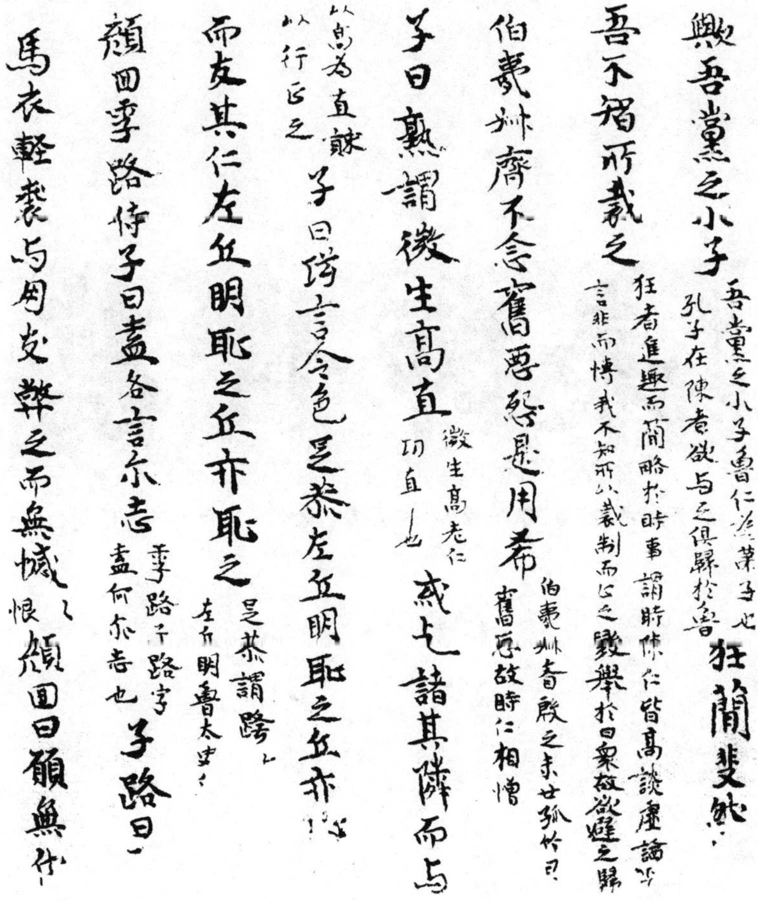
歟吾黨之小子狂簡斐然
吾不知所裁之
伯夷叔齊不念舊惡怨是用希
子曰孰謂微生高直或乞醯焉乞諸其鄰而與
之子曰巧言令色足恭左丘明恥之丘亦恥之
匿怨而友其人左丘明恥之丘亦恥之
顏淵季路侍子曰盍各言爾志子路曰願車
馬衣輕裘與朋友共弊之而無憾顏淵曰願無伐

《论语郑氏注》抄本(局部),唐·卜天寿书。

清“万世师表”匾，康熙帝御书，现存于北京孔庙和国子监博物馆。

什么损害呢？这只是表明他们自己太自不量力罢了。”①

从事教育四十年以上的孔子，就在弟子心目中留下了这样深刻而难忘的影子。

1954年8月1日至8月21日写毕，8月30日修改一过。1955年9月16日至9月28日，重改誊抄一过。1956年1月27日，改定。同年5月22日，再改定。

① 见《论语·子张》篇，第二十四章。

后 记

孔子是一个重要的历史人物，所以我们要讲他的故事。

我们讲孔子的故事，主要是想使大家看一看孔子在当时是怎样生活着的，以及当时的人(各式各样的人)是怎样看待孔子的。我们也指出了孔子的一些进步性，但是正如嵇文甫同志所说："承认孔子有一定的进步性，并不是要提倡尊孔读经。"①

对于孔子要不要加以评价呢？当然要。这笔账总要算，应该算。毛主席教导我们说："今天的中国是历史的中国的一个发展；我们是马克思主义的历史主义者，我们不应当割断历史。从孔夫子到孙中山，我们应当给以总结，承继这一份珍贵的遗产。"②

但是在这本小册子里是不是就要"给以总结"呢？不能够。这

---

① 嵇文甫《关于历史评价问题》，人民出版社 1956 年 3 月版，第 10 页。
② 《毛泽东选集》第 2 卷，人民出版社 1952 年第 2 版，第 522 页。

主要是作者的思想水平有限，没有能力做这个工作的缘故。就是前面所讲的故事，也只能是从作者的思想水平出发而编述下来的，在选择取舍之间，在解释评论之间，错误一定难免。写出来，也只是请读者指教！这不是客气话，是实话！因此，也就谈不到什么“给以总结”了。那是要留待更辛勤的、更精通的掌握了马克思列宁主义的科学工作者来完成的。

可是读者中也许有人要追问我究竟对于孔子是怎样看法的。我在这里，也就把我极不成熟的看法谈一下。谈得不对的地方也一定有，还是诚恳地向读者讨教！

第一，从孔子所处时代的社会性质来看孔子。孔子处在春秋时代，以我理解，春秋和战国实在是一个整个时代，这个时代是中国奴隶制社会崩溃、封建社会形成的过渡期。春秋和战国诚然有很大的不同，但这个不同，在我看来，只是社会变动的剧烈程度表现得不同罢了。在春秋时期，社会变动还没有达到质的突变，而在战国时期则完成了这一变革。郭沫若先生说：

> 依据《史记》，把绝对的年代定在周元王元年，即纪元前475年。在这之前的春秋作为奴隶社会的末期，在这之后的战国作为封建制的初期。[1]

如果划界的话，这样划界自然也可以。但是这当然不是说历史是

① 郭沫若《奴隶制时代》，新文艺出版社1952年6月版，第27页。

可以截然划开的。而这样的划界，我觉得还不如把春秋战国当作一个整个过渡期，因为这样对一些学术思想的演变要好解释些。只是孔子所处的时代还是奴隶制时代而不是封建社会，在这点上，我是同意郭沫若先生的看法的。

春秋战国是一个整个时代，先秦诸子的思想都是这一整个过渡期的剧变中的意识反映。孔子是先秦诸子中最早的一个。他的进步面之一，就是反映奴隶制社会崩溃期的“人”的解放，这个伟大现实在他思想体系上，就是“仁”的学说，就是把教育从贵族所专有（官学），在一定程度上开放给一般人（私学）。孔子的进步面之二，就是他在这段过渡期——同时也是封建社会的形成期——中，为大一统的封建王朝提供了一些虽然粗略的但是规模宏大的政治建设蓝图，他研究了以往的政治经验，做出了一定程度的总结，又加上一些适合社会发展情况的创造，给后代封建社会的统治规模打下了一些基础。把他称为封建社会的“圣人”，不是偶然的。封建社会总比奴隶制社会前进了一步，所以就当时看，孔子的大部分政治理想是有进步意义的。

孔子的落后面主要是他还带有奴隶社会中的等级思想，甚而是氏族社会中所遗留的血统观念、狭隘地域观念，这就是表现在讲君君、臣臣、父父、子子，讲正名，讲礼，讲君子、小人，讲天，讲命，讲内诸夏而外夷狄（对吴、楚就加以敌视）等等。这里很多东西是陈腐的，孔子在讲到这些东西的时候，也特别流露出留恋一些旧事物的感情。

而且，更由于孔子所处的时代的过渡性以及他的政治地位（他既当过高级官吏，而且一生主要活动除了教育事业外也是奔走做官，就是教育事业也主要是训练弟子们做官的）的关系，他的思想有许多不彻底、不明朗、对上妥协、对劳动生产和劳动人民轻视的地方。这些地方集中地表现了的就是他所谓“中庸”之道。这是他的软弱处。

他有进步面，有落后面，有软弱处，而进步面是主要的，这就是我对于孔子的估价。概括地谈孔子，就是如此。

如果仔细考究下去，孔子的进步面、落后面、软弱处，我认为也还是错综的，好的不完全是好，坏的也不完全是坏。举例说，他讲仁，这是进步的，但是同时讲礼，礼就限制了仁；他普及教育，这是进步的，但也并非普及到一切人，限度也仍然是有的。他讲礼，一般说是落后的，但是他注重礼的内容而轻视礼的形式，这就又是改革；他讲天，讲命，一般说也是落后的，但他并没有迷信鬼神，也没有全部陷入宿命论，这就仍有他开明的地方。他讲中庸，不错，一般地也是妥协性的表现，但是在“和而不同”上，在对弟子依不同个性而分别指示“过犹不及”上，在“学”与“思”并重上，这就貌似妥协，而事实上是避免绝对化、片面化的正确态度和正确思想方法，这就又不能一笔抹杀了。至于孔子对后代的影响，问题就更复杂，有好影响，也有坏影响；在坏影响中有的是孔子本来不对，也有的本来是有益的东西，而因为不正确的理解，就变为有害的东西，关于这方面，责任就不能完全由孔子来负了。所以我们一方面对孔子要有总的把握，一方面对他个别言论的实质和影响还要加以具体分析。

第二，在估价孔子时，我认为不能照我们主观上的认识，把孔子的思想作为一个严密的思想体系来对待，也不能拿后代由于演绎孔子的思想而构成的一套完整的儒家思想系统来派作孔子的思想。孔子虽然说“吾道一以贯之”，但究竟孔子的思想还没有达到成为一个严密的系统的地步，这是因为中国学术思想在那个时代还没发达到这个地步。所以我赞成侯外庐先生等所提出的“不均衡”“自论相违”[①]。很多人过高地估价孔子，或过低地估价孔子，主要是由于没考虑到这一点。

第三，在孔子对于中国文化的一些具体贡献如教育事业、编写历史、整理诗书上，在孔子个别有价值的言论（包括着智慧和经验）上，在孔子本人的“学不厌、教不倦”的积极态度上，大多数现代学者几乎没有异议，我认为这也就是应当肯定下来的东西。所以，所谓对孔子也还不能“给以总结”，并不等于对孔子来一个“不可知论”。我们应该把可以肯定的东西和还在争论的问题分别开来。

第四，无论谈孔子的历史地位也好，无论谈孔子的具体贡献也好，我们一定要避免个人崇拜。这不只因为个人崇拜是不应该的，是会产生毛病的，而且因为夸大个人在历史上的作用首先是不合乎事实的，是不科学的。孔子无论有多高的成就，是和当时的社会发展分不开的，而社会的发展首先是广大劳动人民所推动的。孔子的出现也不是孤立的现象，就像同时的政治家子产、晏婴等，也已经具有和孔子相近的才能（虽然发展的方向不同）；就像

---

① 见侯外庐、杜守素、纪玄冰合著《中国思想通史》第1卷，三联书店1949年长春版，第128页。

同时的普通人长沮、桀溺等，也已经具有和孔子对社会变动同等的关切（虽然看法不同）；就像“士”这个阶层，当时一般也都在活跃着——他们都是生活在同一时代里呵。孔子一生经过了一些发展，这些发展也都步步可寻，都和他的丰富经历、刻苦努力分不开，而这些丰富经历、刻苦努力，也只有在他那特定的历史阶段中才有可能实现。绝不能把孔子当作奇迹！

这就是我对于孔子粗枝大叶而又肤浅的看法。至于本稿之成，也经过了一些岁月，中间阿英同志提过宝贵的意见，也得到上海人民出版社编辑同志的很多帮助，这样才写完。（但是并没有写好！）我要谢谢他们，并期待读者给我更多的教益！

长之　1956年5月26日记于北京

附录 1

《史记·孔子世家》

西汉·司马迁

孔子生鲁昌平乡陬邑。其先宋人也，曰孔防叔。防叔生伯夏，伯夏生叔梁纥。纥与颜氏女野合而生孔子，祷于尼丘得孔子。鲁襄公二十二年而孔子生。生而首上圩顶，故因名曰“丘”云。字仲尼，姓孔氏。

丘生而叔梁纥死，葬于防山。防山在鲁东，由是孔子疑其父墓处，母讳之也。孔子为儿嬉戏，常陈俎豆，设礼容。孔子母死，乃殡五父之衢，盖其慎也。郰人挽父之母诲孔子父墓，然后往合葬于防焉。

孔子要绖，季氏飨士，孔子与往。阳虎绌曰：“季氏飨士，非敢飨子也。”孔子由是退。

孔子年十七，鲁大夫孟釐子病且死，诫其嗣懿子曰：“孔丘，圣人之后，灭于宋。其祖弗父何始有宋而嗣让厉公。及正考父佐戴、武、宣公，三命兹益恭，故鼎铭云：‘一命而偻，再命而伛，三命而俯，循墙而走，亦莫敢余侮。饘于是，粥于是，以糊余口。’其恭如是。吾闻圣人之后，虽不当世，必有达者。今孔丘年少好礼，其达者欤？吾即没，若必师之。”及釐子卒，懿子与鲁人南宫敬叔往学礼焉。是岁，季武子卒，平子代立。

孔子贫且贱。及长，尝为季氏史，料量平；尝为司职吏而畜蕃息。由是为司空。已而去鲁，斥乎齐，逐乎宋、卫，困于陈蔡之间，于是反鲁。孔子长九尺有六寸，人皆谓之“长人”而异之。鲁复善待，由是反鲁。

鲁南宫敬叔言鲁君曰：“请与孔子适周。”鲁君与之一乘车，两马，一竖子俱，适周问礼，盖见老子云。辞去，而老子送之曰：“吾闻富贵者送人以财，仁人者送人以言。吾不能富贵，窃仁人之号，送子以言，曰：‘聪明深察而近于死者，好议人者也。博辩广大危其身者，发人之恶者也。为人子者毋以有己，为人臣者毋以有己。’”孔子自周反于鲁，弟子稍益进焉。

是时也，晋平公淫，六卿擅权，东伐诸侯；楚灵王兵强，陵轹中国；齐大而近于鲁。鲁小弱，附于楚则晋怒；附于晋则楚来伐；不备于齐，齐师侵鲁。

鲁昭公之二十年，而孔子盖年三十矣。齐景公与晏婴来适鲁，景公问孔子曰：“昔秦穆公国小处辟，其霸何也？”对曰：“秦，国虽小，其志大；处虽辟，行中正。身举五羖，爵之大夫，起累绁之中，与语三日，授之以政。以此取之，虽王可也，其霸小矣。”景公说。

孔子年三十五，而季平子与郈昭伯以斗鸡故得罪鲁昭公，昭公率师击平子，平子与孟氏、叔孙氏三家共攻昭公，昭公师败，奔于齐，齐处昭公乾侯。其后顷之，鲁乱。孔子适齐，为高昭子家臣，欲以通乎景公。与齐太师语乐，闻《韶》音，学之，三月不知肉味，齐人称之。

景公问政孔子，孔子曰："君君，臣臣，父父，子子。"景公曰："善哉！信如君不君，臣不臣，父不父，子不子，虽有粟，吾岂得而食诸！"他日又复问政于孔子，孔子曰："政在节财。"景公说，将欲以尼谿田封孔子。晏婴进曰："夫儒者滑稽而不可轨法；倨傲自顺，不可以为下；崇丧遂哀，破产厚葬，不可以为俗；游说乞贷，不可以为国。自大贤之息，周室既衰，礼乐缺有间。今孔子盛容饰，繁登降之礼，趋详之节，累世不能殚其学，当年不能究其礼。君欲用之以移齐俗，非所以先细民也。"后，景公敬见孔子，不问其礼。异日，景公止孔子曰："奉子以季氏，吾不能。"以季孟之间待之。齐大夫欲害孔子，孔子闻之。景公曰："吾老矣，弗能用也。"孔子遂行，反乎鲁。

孔子年四十二，鲁昭公卒于乾侯，定公立。定公立五年，夏，季平子卒，桓子嗣立。季桓子穿井得土缶，中若羊，问仲尼云"得狗"。仲尼曰："以丘所闻，羊也。丘闻之，木石之怪夔、罔阆，水之怪龙、罔象，土之怪坟羊。"

吴伐越，堕会稽，得骨节专车。吴使使问仲尼："骨何者最大？"仲尼曰："禹致群神于会稽山，防风氏后至，禹杀而戮之，其节专车，此为大矣。"吴客曰："谁为神？"仲尼曰："山川之神足以纲纪天下，其守为神，社稷为公侯，皆属于王者。"客曰："防风何守？"仲尼曰："汪罔氏之君守封、禺之山，为釐姓。在虞、夏、商为汪罔，于周为长翟，今谓之大人。"客曰："人长几何？"仲尼曰："僬侥氏三尺，短之至也。长者不过十之，数之极也。"于是吴客曰："善哉圣人！"

桓子嬖臣曰仲梁怀，与阳虎有隙。阳虎欲逐怀，公山不狃止之。其秋，怀益骄，阳虎执怀。桓子怒，阳虎因囚桓子，与盟而释之。阳虎由此益轻季氏。季氏亦僭于公室，陪臣执国政，是以鲁自大夫以下皆僭离于正道。故孔子不仕，退而修诗书礼乐，弟子弥众，至自远方，莫不受业焉。

定公八年，公山不狃不得意于季氏，因阳虎为乱，欲废三桓之嫡，更立其庶孽阳虎素所善者，遂执季桓子。桓子诈之，得脱。定公九年，阳虎不胜，奔于齐。是时孔子年五十。

公山不狃以费畔季氏，使人召孔子。孔子循道弥久，温温无所试，莫能己用，曰："盖周文武起丰镐而王，今费虽小，傥庶几乎！"欲往。子路不说，止孔子。孔子曰："夫召我者岂徒哉？如用我，其为东周乎！"然亦卒不行。

其后定公以孔子为中都宰，一年，四方皆则之。由中都宰为司空，由司空为大司寇。

定公十年春，及齐平。夏，齐大夫黎钼言于景公曰："鲁用孔丘，其势危齐。"乃使使告鲁为好会，会于夹谷。鲁定公且以乘车好往。孔子摄相事，曰："臣闻有文事者必有武备，有武事者必有文备。古者诸侯出疆，必具官以从。请具左右司马。"定公曰："诺。"具左右司马。会齐侯夹谷，为坛位，土阶三等，以会遇之礼相见，揖让而登。献酬之礼毕，齐有司趋而进曰："请奏四方之乐。"景公曰："诺。"于是旌旄羽被矛戟剑拨鼓噪而至。孔子趋而进，历阶而登，不尽一等，举袂而言曰："吾两君为好会，夷狄之乐何为于此！请命有司！"有司却之，不去，则左右视晏子与景公。景公心怍，麾而去之。有顷，齐有司趋而进曰："请奏宫中之乐。"景公曰："诺。"

优倡侏儒为戏而前。孔子趋而进，历阶而登，不尽一等，曰：“匹夫而营惑诸侯者罪当诛！请命有司！”有司加法焉，手足异处。景公惧而动，知义不若，归而大恐，告其群臣曰：“鲁以君子之道辅其君，而子独以夷狄之道教寡人，使得罪于鲁君，为之奈何？”有司进对曰：“君子有过则谢以质，小人有过则谢以文。君若悼之，则谢以质。”于是齐侯乃归所侵鲁之郓、汶阳、龟阴之田以谢过。

定公十三年夏，孔子言于定公曰：“臣无藏甲，大夫毋百雉之城。”使仲由为季氏宰，将堕三都。于是叔孙氏先堕郈。季氏将堕费，公山不狃、叔孙辄率费人袭鲁。公与三子入于季氏之宫，登武子之台。费人攻之，弗克，入及公侧。孔子命申句须、乐颀下伐之，费人北。国人追之，败诸姑蔑。二子奔齐，遂堕费。将堕成，公敛处父谓孟孙曰：“堕成，齐人必至于北门。且成，孟氏之保鄣，无成是无孟氏也。我将弗堕。”十二月，公围成，弗克。

定公十四年，孔子年五十六，由大司寇行摄相事，有喜色。门人曰：“闻君子祸至不惧，福至不喜。”孔子曰：“有是言也。不曰‘乐其以贵下人’乎？”于是诛鲁大夫乱政者少正卯。与闻国政三月，粥羔豚者弗饰贾；男女行者别于涂；涂不拾遗；四方之客至乎邑者不求有司，皆予之以归。

齐人闻而惧，曰：“孔子为政必霸，霸则吾地近焉，我之为先并矣。盍致地焉？”黎钼曰：“请先尝沮之；沮之而不可则致地，庸迟乎！”于是选齐国中女子好者八十人，皆衣文衣而舞《康乐》，文马三十驷，遗鲁君。陈女乐文马于鲁城南高门外，季桓子微服往观再三，将受，乃语鲁君为周道游，往观终日，怠于政事。子路曰：“夫子可以行矣。”孔子曰：“鲁今且郊，如致膰乎大夫，则吾犹可以止。”桓子卒受齐女乐，三日不听政；郊，又不致膰俎于大夫。孔子遂行，宿乎屯。而师己送，曰：“夫子则非罪。”孔子曰：“吾歌可夫？”歌曰：“彼妇之口，可以出走；彼妇之谒，可以死败。盖优哉游哉，维以卒岁！”师己反，桓子曰：“孔子亦何言？”师己以实告。桓子喟然叹曰：“夫子罪我以群婢故也夫！”

孔子遂适卫，主于子路妻兄颜浊邹家。卫灵公问孔子：“居鲁得禄几何？”对曰：“奉粟六万。”卫人亦致粟六万。居顷之，或谮孔子于卫灵公。灵公使公孙余假一出一入。孔子恐获罪焉，居十月，去卫。

将适陈，过匡，颜刻为仆，以其策指之曰：“昔吾入此，由彼缺也。”匡人闻之，以为鲁之阳虎。阳虎尝暴匡人，匡人于是遂止孔子。孔子状类阳虎，拘焉五日，颜渊后，子曰：“吾以汝为死矣。”颜渊曰：“子在，回何敢死！”匡人拘孔子益急，弟子惧。孔子曰：“文王既没，文不在兹乎？天之将丧斯文也，后死者不得与于斯文也。天之未丧斯文也，匡人其如予何！”孔子使从者为宁武子臣于卫，然后得去。

去即过蒲。月余，反乎卫，主蘧伯玉家。灵公夫人有南子者，使人谓孔子曰：“四方之君子不辱欲与寡君为兄弟者，必见寡小君。寡小君愿见。”孔子辞谢，不得已而见之。夫人在絺帷中。孔子入门，北面稽首。夫人自帷中再拜，环珮玉声璆然。孔子曰：“吾乡为弗见，见之礼答焉。”子路不说。孔子矢之曰：“予所不者，天厌之！天厌之！”居卫月余，灵公与夫人同车，宦者雍渠参乘，出，使孔子为次乘，招摇市过之。孔子曰：“吾未见好德如好色者也。”于是丑之，去卫，过曹。是岁，鲁定公卒。

孔子去曹适宋，与弟子习礼大树下。宋司马桓魋欲杀孔子，拔其树。孔子去。弟子曰："可以速矣。"孔子曰："天生德于予，桓魋其如予何！"

孔子适郑，与弟子相失，孔子独立郭东门。郑人或谓子贡曰："东门有人，其颡似尧，其项类皋陶，其肩类子产，然自要以下不及禹三寸。累累若丧家之狗。"子贡以实告孔子。孔子欣然笑曰："形状，末也。而谓似丧家之狗，然哉！然哉！"

孔子遂至陈，主于司城贞子家。岁余，吴王夫差伐陈，取三邑而去。赵鞅伐朝歌。楚围蔡，蔡迁于吴。吴败越王勾践会稽。

有隼集于陈廷而死，楛矢贯之，石砮，矢长尺有咫。陈湣公使使问仲尼。仲尼曰："隼来远矣，此肃慎之矢也。昔武王克商，通道九夷百蛮，使各以其方贿来贡，使无忘职业。于是肃慎贡楛矢石砮，长尺有咫。先王欲昭其令德，以肃慎矢分大姬，配虞胡公而封诸陈。分同姓以珍玉，展亲；分异姓以远方职，使无忘服。故分陈以肃慎矢。"试求之故府，果得之。

孔子居陈三岁，会晋楚争强，更伐陈，及吴侵陈，陈常被寇。孔子曰："归与归与！吾党之小子狂简，进取不忘其初。"于是孔子去陈。

过蒲，会公叔氏以蒲畔，蒲人止孔子。弟子有公良孺者，以私车五乘从孔子。其为人长贤，有勇力，谓曰："吾昔从夫子遇难于匡，今又遇难于此，命也已。吾与夫子再罹难，宁斗而死。"斗甚疾。蒲人惧，谓孔子曰："苟毋适卫，吾出子。"与之盟，出孔子东门。孔子遂适卫。子贡曰："盟可负邪？"孔子曰："要盟也，神不听。"

卫灵公闻孔子来，喜，郊迎。问曰："蒲可伐乎？"对曰："可。"

灵公曰："吾大夫以为不可。今蒲，卫之所以待晋楚也，以卫伐之，无乃不可乎？"孔子曰："其男子有死之志，妇人有保西河之志。吾所伐者不过四五人。"灵公曰："善。"然不伐蒲。

灵公老，怠于政，不用孔子。孔子喟然叹曰："苟有用我者，期月而已，三年有成。"孔子行。

佛肸为中牟宰。赵简子攻范、中行，伐中牟。佛肸畔，使人召孔子。孔子欲往。子路曰："由闻诸夫子，'其身亲为不善者，君子不入也'。今佛肸亲以中牟畔，子欲往，如之何？"孔子曰："有是言也。不曰坚乎，磨而不磷；不曰白乎，涅而不淄。我岂匏瓜也哉，焉能系而不食？"

孔子击磬。有荷蒉而过门者，曰："有心哉，击磬乎！硁硁乎，莫已知也夫而已矣！"

孔子学鼓琴师襄子，十日不进。师襄子曰："可以益矣。"孔子曰："丘已习其曲矣，未得其数也。"有间，曰："已习其数，可以益矣。"孔子曰："丘未得其志也。"有间，曰："已习其志，可以益矣。"孔子曰："丘未得其为人也。"有间，有所穆然深思焉，有所怡然高望而远志焉。曰："丘得其为人，黯然而黑，几然而长，眼如望羊，如王四国，非文王其谁能为此也！"师襄子辟席再拜，曰："师盖云《文王操》也。"

孔子既不得用于卫，将西见赵简子。至于河而闻窦鸣犊、舜华之死也，临河而叹曰："美哉水，洋洋乎！丘之不济此，命也夫！"子贡趋而进曰："敢问何谓也？"孔子曰："窦鸣犊、舜华，晋国之贤大夫也。赵简子未得志之时，须此两人而后从政；及其已得志，杀之乃从政。丘闻之也，刳胎杀夭则麒麟不至郊，竭泽涸渔则蛟龙不合阴阳，覆巢毁卵则凤皇不翔。何则？君子讳伤其类也。夫鸟兽之于不义也尚知辟之，而况乎丘哉！”乃还息乎陬乡，作为《陬操》以哀之。而反乎卫，入主蘧伯玉家。

他日，灵公问兵陈。孔子曰：“俎豆之事则尝闻之，军旅之事未之学也。”明日，与孔子语，见蜚雁，仰视之，色不在孔子。孔子遂行，复如陈。

夏，卫灵公卒，立孙辄，是为卫出公。六月，赵鞅内太子蒯聩于戚。阳虎使太子绝，八人衰绖，伪自卫迎者，哭而入，遂居焉。冬，蔡迁于州来。是岁鲁哀公三年，而孔子年六十矣。齐助卫围戚，以卫太子蒯聩在故也。

夏，鲁桓釐庙燔，南宫敬叔救火。孔子在陈，闻之，曰：“灾必于桓釐庙乎？”已而果然。

秋，季桓子病，辇而见鲁城，喟然叹曰：“昔此国几兴矣，以吾获罪于孔子，故不兴也。”顾谓其嗣康子曰：“我即死，若必相鲁；相鲁，必召仲尼。”后数日，桓子卒，康子代立。已葬，欲召仲尼。公之鱼曰：“昔吾先君用之不终，终为诸侯笑。今又用之，不能终，是再为诸侯笑。”康子曰：“则谁召而可？”曰：“必召冉求。”于是使使召冉求。冉求将行，孔子曰：“鲁人召求，非小用之，将大用之也。”是日，孔子曰：“归乎归乎！吾党之小子狂简，斐然成章，吾不知所以裁之。”子赣知孔子思归，送冉求，因诫曰“即用，以孔子为招”云。

冉求既去，明年，孔子自陈迁于蔡。蔡昭公将如吴，吴召之也。前昭公欺其臣迁州来，后将往，大夫惧复迁，公孙翩射杀昭公。楚侵蔡。秋，齐景公卒。

明年，孔子自蔡如叶。叶公问政，孔子曰：“政在来远附迩。”

他日，叶公问孔子于子路，子路不对。孔子闻之，曰："由，尔何不对曰'其为人也，学道不倦，诲人不厌，发愤忘食，乐以忘忧，不知老之将至'云尔。"

去叶，反于蔡。长沮、桀溺耦而耕，孔子以为隐者，使子路问津焉。长沮曰："彼执舆者为谁？"子路曰："为孔丘。"曰："是鲁孔丘与？"曰："然。"曰："是知津矣。"桀溺谓子路曰："子为谁？"曰："为仲由。"曰："子，孔丘之徒与？"曰："然。"桀溺曰："悠悠者天下皆是也，而谁以易之？且与其从辟人之士，岂若从辟世之士哉！"耰而不辍。子路以告孔子，孔子怃然曰："鸟兽不可与同群。天下有道，丘不与易也。"

他日，子路行，遇荷蓧丈人，曰："子见夫子乎？"丈人曰："四体不勤，五谷不分，孰为夫子！"植其杖而芸。子路以告，孔子曰："隐者也。"复往，则亡。

孔子迁于蔡三岁，吴伐陈。楚救陈，军于城父。闻孔子在陈蔡之间，楚使人聘孔子。孔子将往拜礼，陈蔡大夫谋曰："孔子贤者，所刺讥皆中诸侯之疾。今者久留陈蔡之间，诸大夫所设行皆非仲尼之意。今楚，大国也，来聘孔子。孔子用于楚，则陈蔡用事大夫危矣。"于是乃相与发徒役围孔子于野。不得行，绝粮。从者病，莫能兴。孔子讲诵弦歌不衰。子路愠见曰："君子亦有穷乎？"孔子曰："君子固穷，小人穷斯滥矣。"

子贡色作。孔子曰："赐，尔以予为多学而识之者与？"曰："然。非与？"孔子曰："非也。予一以贯之。"

孔子知弟子有愠心，乃召子路而问曰："《诗》云'匪兕匪虎，率彼旷野'。吾道非邪？吾何为于此？"子路曰："意者吾未仁邪？人之不我信也。意者吾未知邪？人之不我行也。”孔子曰：“有是乎！由，譬使仁者而必信，安有伯夷、叔齐？使知者而必行，安有王子比干？”

子路出，子贡入见。孔子曰：“赐，《诗》云‘匪兕匪虎，率彼旷野’。吾道非邪？吾何为于此？”子贡曰：“夫子之道至大也，故天下莫能容夫子。夫子盖少贬焉？”孔子曰：“赐，良农能稼而不能为穑，良工能巧而不能为顺。君子能修其道，纲而纪之，统而理之，而不能为容。今尔不修尔道而求为容。赐，而志不远矣！”

子贡出，颜回入见。孔子曰：“回，《诗》云‘匪兕匪虎，率彼旷野’。吾道非邪？吾何为于此？”颜回曰：“夫子之道至大，故天下莫能容。虽然，夫子推而行之，不容何病，不容然后见君子！夫道之不修也，是吾丑也。夫道既已大修而不用，是有国者之丑也。不容何病，不容然后见君子！”孔子欣然而笑曰：“有是哉颜氏之子！使尔多财，吾为尔宰。”

于是使子贡至楚。楚昭王兴师迎孔子，然后得免。

昭王将以书社地七百里封孔子。楚令尹子西曰：“王之使使诸侯有如子贡者乎？”曰：“无有。”“王之辅相有如颜回者乎？”曰：“无有。”“王之将率有如子路者乎？”曰：“无有。”“王之官尹有如宰予者乎？”曰：“无有。”“且楚之祖封于周，号为子男五十里。今孔丘述三五之法，明周召之业，王若用之，则楚安得世世堂堂方数千里乎？夫文王在丰，武王在镐，百里之君卒王天下。今孔丘得据土壤，贤弟子为佐，非楚之福也。”昭王乃止。其秋，楚昭王卒于城父。

楚狂接舆歌而过孔子，曰：“凤兮凤兮，何德之衰！往者不可谏兮，来者犹可追也！已而已而，今之从政者殆而！”孔子下，欲与之言。趋而去，弗得与之言。

于是孔子自楚反乎卫。是岁也，孔子年六十三，而鲁哀公六年也。

其明年，吴与鲁会缯，征百牢。太宰嚭召季康子。康子使子贡往，然后得已。

孔子曰：“鲁卫之政，兄弟也。”是时，卫君辄父不得立，在外，诸侯数以为让。而孔子弟子多仕于卫，卫君欲得孔子为政。子路曰：“卫君待子而为政，子将奚先？”孔子曰：“必也正名乎！”子路曰：“有是哉，子之迂也！何其正也？”孔子曰：“野哉由也！夫名不正则言不顺，言不顺则事不成，事不成则礼乐不兴，礼乐不兴则刑罚不中，刑罚不中则民无所错手足矣。夫君子为之必可名，言之必可行。君子于其言，无所苟而已矣。”

其明年，冉有为季氏将师，与齐战于郎，克之。季康子曰：“子之于军旅，学之乎？性之乎？”冉有曰：“学之于孔子。”季康子曰：“孔子何如人哉？”对曰：“用之有名；播之百姓，质诸鬼神而无憾。求之至于此道，虽累千社，夫子不利也。”康子曰：“我欲召之，可乎？”对曰：“欲召之，则毋以小人固之，则可矣。”而卫孔文子将攻太叔，问策于仲尼。仲尼辞不知，退而命载而行，曰：“鸟能择木，木岂能择鸟乎！”文子固止。会季康子逐公华、公宾、公林，以币迎孔子，孔子归鲁。

孔子之去鲁凡十四岁而反乎鲁。

鲁哀公问政，对曰：“政在选臣。”季康子问政，曰：“举直错诸枉，则枉者直。”康子患盗，孔子曰：“苟子之不欲，虽赏之不窃。”

然鲁终不能用孔子，孔子亦不求仕。

孔子之时，周室微而礼乐废，《诗》《书》缺。追迹三代之礼，序《书传》，上纪唐虞之际，下至秦缪，编次其事。曰："夏礼吾能言之，杞不足征也。殷礼吾能言之，宋不足征也。足，则吾能征之矣。"观殷夏所损益，曰："后虽百世可知也，以一文一质。周监二代，郁郁乎文哉。吾从周。" 故《书传》《礼记》自孔氏。

孔子语鲁大师："乐其可知也。始作翕如，纵之纯如，皦如，绎如也，以成。""吾自卫反鲁，然后乐正，《雅》《颂》各得其所。"

古者《诗》三千余篇，及至孔子，去其重，取可施于礼义，上采契后稷，中述殷周之盛，至幽厉之缺，始于衽席，故曰"《关雎》之乱以为《风》始，《鹿鸣》为《小雅》始，《文王》为《大雅》始，《清庙》为《颂》始"。三百五篇孔子皆弦歌之，以求合《韶》《武》《雅》《颂》之音。礼乐自此可得而述，以备王道，成六艺。

孔子晚而喜《易》，序《彖》《系》《象》《说卦》《文言》。读《易》，韦编三绝。曰："假我数年，若是，我于《易》则彬彬矣。"

孔子以诗书礼乐教，弟子盖三千焉，身通六艺者七十有二人。如颜浊邹之徒，颇受业者甚众。

孔子以四教：文，行，忠，信。绝四：毋意，毋必，毋固，毋我。所慎：齐，战，疾。子罕言利与命与仁。不愤不启，举一隅不以三隅反，则弗复也。

其于乡党，恂恂似不能言者。其于宗庙朝廷，辩辩言，唯谨尔。朝，与上大夫言，訚訚如也；与下大夫言，侃侃如也。

入公门，鞠躬如也；趋进，翼如也。君召使傧，色勃如也。君命召，不俟驾行矣。

鱼馁，肉败，割不正，不食。席不正，不坐。食于有丧者之侧，未尝饱也。

是日哭，则不歌。见齐衰、瞽者，虽童子必变。

“三人行，必得我师。”“德之不修，学之不讲，闻义不能徙，不善不能改，是吾忧也。”使人歌，善，则使复之，然后和之。

子不语：怪，力，乱，神。

子贡曰：“夫子之文章，可得闻也。夫子言天道与性命，弗可得闻也已。”颜渊喟然叹曰：“仰之弥高，钻之弥坚。瞻之在前，忽焉在后。夫子循循然善诱人，博我以文，约我以礼，欲罢不能。既竭我才，如有所立，卓尔。虽欲从之，蔑由也已。”达巷党人曰：“大哉孔子，博学而无所成名。”子闻之曰：“我何执？执御乎？执射乎？我执御矣。”牢曰：“子云‘不试，故艺’。”

鲁哀公十四年春，狩大野。叔孙氏车子鉏商获兽，以为不祥。仲尼视之，曰：“麟也。”取之。曰：“河不出图，雒不出书，吾已矣夫！”颜渊死，孔子曰：“天丧予！”及西狩见麟，曰：“吾道穷矣！”喟然叹曰：“莫知我夫！”子贡曰：“何为莫知子？”子曰：“不怨天，不尤人，下学而上达，知我者其天乎！”

“不降其志，不辱其身，伯夷、叔齐乎！”谓“柳下惠、少连降志辱身矣”。谓“虞仲、夷逸隐居放言，行中清，废中权”。“我则异于是，无可无不可。”

子曰：“弗乎弗乎，君子病没世而名不称焉。吾道不行矣，吾何以自见于后世哉？”乃因史记作《春秋》，上至隐公，下讫哀公十四年，十二公。据鲁，亲周，故殷，运之三代。约其文辞而指博。故吴楚之君自称王，而《春秋》贬之曰“子”；践土之会实召周天子，而

《春秋》讳之曰“天王狩于河阳”：推此类以绳当世。贬损之义，后有王者举而开之。《春秋》之义行，则天下乱臣贼子惧焉。

孔子在位听讼，文辞有可与人共者，弗独有也。至于为《春秋》，笔则笔，削则削，子夏之徒不能赞一辞。弟子受《春秋》，孔子曰：“后世知丘者以《春秋》，而罪丘者亦以《春秋》。”

明岁，子路死于卫。孔子病，子贡请见。孔子方负杖逍遥于门，曰：“赐，汝来何其晚也？”孔子因叹，歌曰：“太山坏乎！梁柱摧乎！哲人萎乎！”因以涕下。谓子贡曰：“天下无道久矣，莫能宗予。夏人殡于东阶，周人于西阶，殷人两柱间。昨暮予梦坐奠两柱之间，予始殷人也。”后七日卒。

孔子年七十三，以鲁哀公十六年四月己丑卒。

哀公诔之曰：“旻天不吊，不憖遗一老，俾屏余一人以在位，茕茕余在疚。呜呼哀哉！尼父，毋自律！”子贡曰：“君其不没于鲁乎！夫子之言曰：‘礼失则昏，名失则愆。失志为昏，失所为愆。’生不能用，死而诔之，非礼也。称‘余一人’，非名也。”

孔子葬鲁城北泗上，弟子皆服三年。三年心丧毕，相诀而去，则哭，各复尽哀；或复留。唯子赣庐于冢上，凡六年，然后去。弟子及鲁人往从冢而家者百有余室，因命曰孔里。鲁世世相传以岁时奉祠孔子冢，而诸儒亦讲礼乡饮大射于孔子冢。孔子冢大一顷。故所居堂弟子内，后世因庙藏孔子衣冠琴车书，至于汉二百余年不绝。高皇帝过鲁，以太牢祠焉。诸侯卿相至，常先谒然后从政。

孔子生鲤，字伯鱼。伯鱼年五十，先孔子死。

伯鱼生伋，字子思，年六十二。尝困于宋。子思作《中庸》。

子思生白，字子上，年四十七。子上生求，字子家，年四十五。

子家生箕，字子京，年四十六。子京生穿，字子高，年五十一。子高生子慎，年五十七，尝为魏相。

子慎生鲋，年五十七，为陈王涉博士，死于陈下。

鲋弟子襄，年五十七。尝为孝惠皇帝博士，迁为长沙太守。长九尺六寸。

子襄生忠，年五十七。忠生武，武生延年及安国。安国为今皇帝博士，至临淮太守，蚤卒。安国生卬，卬生驩。

太史公曰：《诗》有之："高山仰止，景行行止。"虽不能至，然心乡往之。余读孔氏书，想见其为人。适鲁，观仲尼庙堂车服礼器，诸生以时习礼其家，余祗回留之不能去云。天下君王至于贤人众矣，当时则荣，没则已焉。孔子布衣，传十余世，学者宗之。自天子王侯，中国言《六艺》者折中于夫子，可谓至圣矣！

附录 2

《论语》

学而篇第一

子曰："学而时习之，不亦说乎？有朋自远方来，不亦乐乎？人不知，而不愠，不亦君子乎？"

有子曰："其为人也孝弟，而好犯上者，鲜矣；不好犯上，而好作乱者，未之有也。君子务本，本立而道生。孝弟也者，其为仁之本与！"

子曰："巧言令色，鲜矣仁！"

曾子曰："吾日三省吾身——为人谋而不忠乎？与朋友交而不信乎？传不习乎？"

子曰："道千乘之国，敬事而信，节用而爱人，使民以时。"

子曰:“弟子,入则孝,出则悌,谨而信,泛爱众,而亲仁。行有余力,则以学文。”

子夏曰:“贤贤易色;事父母,能竭其力;事君,能致其身;与朋友交,言而有信。虽曰未学,吾必谓之学矣。”

子曰:“君子不重,则不威;学则不固。主忠信。无友不如己者。过,则勿惮改。”

曾子曰:“慎终,追远,民德归厚矣。”

子禽问于子贡曰:“夫子至于是邦也,必闻其政,求之与?抑与之与?”子贡曰:“夫子温、良、恭、俭、让以得之。夫子之求之也,其诸异乎人之求之与?”

子曰:“父在,观其志;父没,观其行;三年无改于父之道,可谓孝矣。”

有子曰:“礼之用,和为贵。先王之道,斯为美;小大由之。有所不行,知和而和,不以礼节之,亦不可行也。”

有子曰:“信近于义,言可复也。恭近于礼,远耻辱也。因不失其亲,亦可宗也。”

子曰:“君子食无求饱,居无求安,敏于事而慎于言,就有道而正焉,可谓好学也已。”

子贡曰:“贫而无谄,富而无骄,何如?”子曰:“可也;未若贫而乐,富而好礼者也。”

子贡曰:“《诗》云‘如切如磋,如琢如磨’,其斯之谓与?”子曰:“赐也,始可与言《诗》已矣,告诸往而知来者。”

子曰:“不患人之不己知,患不知人也。”

为政篇第二

子曰:“为政以德,譬如北辰居其所而众星共之。”

子曰:“《诗》三百,一言以蔽之,曰‘思无邪’。”

子曰:“道之以政,齐之以刑,民免而无耻;道之以德,齐之以礼,有耻且格。”

子曰:“吾十有五而志于学,三十而立,四十而不惑,五十而知天命,六十而耳顺,七十而从心所欲,不逾矩。”

孟懿子问孝。子曰:“无违。”

樊迟御,子告之曰:“孟孙问孝于我,我对曰,无违。”樊迟曰:“何谓也?”子曰:“生,事之以礼;死,葬之以礼,祭之以礼。”

孟武伯问孝。子曰:“父母唯其疾之忧。”

子游问孝。子曰:“今之孝者,是谓能养。至于犬马,皆能有养;不敬,何以别乎?”

子夏问孝。子曰:“色难。有事,弟子服其劳;有酒食,先生馔,曾是以为孝乎?”

子曰:“吾与回言终日,不违,如愚。退而省其私,亦足以发,回也不愚。”

子曰:“视其所以,观其所由,察其所安。人焉廋哉?人焉廋哉?”

子曰:“温故而知新,可以为师矣。”

子曰:“君子不器。”

子贡问君子。子曰:“先行其言而后从之。”

子曰:“君子周而不比,小人比而不周。”

子曰:“学而不思则罔,思而不学则殆。”

子曰:“攻乎异端,斯害也已。”

子曰:“由!诲汝知之乎!知之为知之,不知为不知,是知也。”

子张学干禄。子曰:“多闻阙疑,慎言其余,则寡尤;多见阙殆,慎行其余,则寡悔。言寡尤,行寡悔,禄在其中矣。”

哀公问曰:“何为则民服?”孔子对曰:“举直错诸枉,则民服;举枉错诸直,则民不服。”

季康子问："使民敬、忠以劝，如之何？"子曰："临之以庄，则敬；孝慈，则忠；举善而教不能，则劝。"

或谓孔子曰："子奚不为政？"子曰："《书》云：'孝乎惟孝，友于兄弟，施于有政。'是亦为政，奚其为为政？"

子曰："人而无信，不知其可也。大车无輗，小车无軏，其何以行之哉？"

子张问："十世可知也？"子曰："殷因于夏礼，所损益，可知也；周因于殷礼，所损益，可知也。其或继周者，虽百世，可知也。"

子曰："非其鬼而祭之，谄也。见义不为，无勇也。"

八佾篇第三

孔子谓季氏，"八佾舞于庭，是可忍也，孰不可忍也？"

三家者以《雍》彻。子曰："'相维辟公，天子穆穆'，奚取于三家之堂？"

子曰："人而不仁，如礼何？人而不仁，如乐何？"

林放问礼之本。子曰："大哉问！礼，与其奢也，宁俭；丧，与其易也，宁戚。"

子曰："夷狄之有君，不如诸夏之亡也。"

季氏旅于泰山。子谓冉有曰:“汝弗能救与?”对曰:“不能。”子曰:“呜呼!曾谓泰山不如林放乎?”

子曰:“君子无所争。必也射乎!揖让而升,下而饮。其争也君子。”

子夏问曰:“‘巧笑倩兮,美目盼兮,素以为绚兮。’何谓也?”子曰:“绘事后素。”

曰:“礼后乎?”子曰:“起予者商也!始可与言《诗》已矣。”

子曰:“夏礼,吾能言之,杞不足征也;殷礼,吾能言之,宋不足征也。文献不足故也。足,则吾能征之矣。”

子曰:“禘自既灌而往者,吾不欲观之矣。”

或问禘之说。子曰:“不知也;知其说者之于天下也,其如示诸斯乎!”指其掌。

祭如在,祭神如神在。子曰:“吾不与祭,如不祭。”

王孙贾问曰:“与其媚于奥,宁媚于灶,何谓也?”子曰:“不然;获罪于天,无所祷也。”

子曰:“周监于二代,郁郁乎文哉!吾从周。”

子入太庙,每事问。或曰:“孰谓鄹人之子知礼乎?入太庙,每事问。”子闻之,曰:“是礼也。”

子曰："射不主皮，为力不同科，古之道也。"

子贡欲去告朔之饩羊。子曰："赐也！尔爱其羊，我爱其礼。"

子曰："事君尽礼，人以为谄也。"

定公问："君使臣，臣事君，如之何？"孔子对曰："君使臣以礼，臣事君以忠。"

子曰："《关雎》，乐而不淫，哀而不伤。"

哀公问社于宰我。宰我对曰："夏后氏以松，殷人以柏，周人以栗，曰，使民战栗。"子闻之，曰："成事不说，遂事不谏，既往不咎。"

子曰："管仲之器小哉！"

或曰："管仲俭乎？"曰："管氏有三归，官事不摄，焉得俭？"

"然则管仲知礼乎？"曰："邦君树塞门，管氏亦树塞门。邦君为两君之好，有反坫，管氏亦有反坫。管氏而知礼，孰不知礼？"

子语鲁大师乐，曰："乐其可知也：始作，翕如也；从之，纯如也，皦如也，绎如也，以成。"

仪封人请见，曰："君子之至于斯也，吾未尝不得见也。"从者见之。出曰："二三子何患于丧乎？天下之无道也久矣，天将以夫子为木铎。"

子谓《韶》,“尽美矣,又尽善也”。谓《武》,“尽美矣,未尽善也”。

子曰:“居上不宽,为礼不敬,临丧不哀,吾何以观之哉?”

里仁篇第四

子曰:“里仁为美。择不处仁,焉得知?”

子曰:“不仁者不可以久处约,不可以长处乐。仁者安仁,知者利仁。”

子曰:“唯仁者能好人,能恶人。”

子曰:“苟志于仁矣,无恶也。”

子曰:“富与贵,是人之所欲也;不以其道得之,不处也。贫与贱,是人之所恶也;不以其道得之,不去也。君子去仁,恶乎成名?君子无终食之间违仁,造次必于是,颠沛必于是。”

子曰:“我未见好仁者,恶不仁者。好仁者,无以尚之;恶不仁者,其为仁矣,不使不仁者加乎其身。有能一日用其力于仁矣乎?我未见力不足者。盖有之矣,我未之见也。”

子曰:“人之过也,各于其党。观过,斯知仁矣。”

子曰:“朝闻道,夕死可矣。”

子曰:“士志于道,而耻恶衣恶食者,未足与议也。”

子曰:“君子之于天下也,无适也,无莫也,义之与比。”

子曰:“君子怀德,小人怀土;君子怀刑,小人怀惠。”

子曰:“放于利而行,多怨。”

子曰:“能以礼让为国乎?何有?不能以礼让为国,如礼何?”

子曰:“不患无位,患所以立。不患莫己知,求为可知也。”

子曰:“参乎!吾道一以贯之。”曾子曰:“唯。”

子出,门人问曰:“何谓也?”曾子曰:“夫子之道,忠恕而已矣。”

子曰:“君子喻于义,小人喻于利。”

子曰:“见贤思齐焉,见不贤而内自省也。”

子曰:“事父母几谏,见志不从,又敬不违,劳而不怨。”

子曰:“父母在,不远游,游必有方。”

子曰:“三年无改于父之道,可谓孝矣。”

子曰:“父母之年,不可不知也。一则以喜,一则以惧。”

子曰:“古者言之不出,耻躬之不逮也。”

子曰:“以约失之者鲜矣。”

子曰:“君子欲讷于言而敏于行。”

子曰:“德不孤,必有邻。”

子游曰:“事君数,斯辱矣;朋友数,斯疏矣。”

公冶长篇第五

子谓公冶长,“可妻也。虽在缧绁之中,非其罪也”。以其子妻之。

子谓南容,“邦有道,不废;邦无道,免于刑戮”。以其兄之子妻之。

子谓子贱,“君子哉若人!鲁无君子者,斯焉取斯?”

子贡问曰:“赐也何如?”子曰:“汝,器也。”曰:“何器也?”曰:“瑚琏也。”

或曰:“雍也仁而不佞。”子曰:“焉用佞?御人以口给,屡憎于人。不知其仁,焉用佞?”

子使漆雕开仕。对曰:“吾斯之未能信。”子说。

子曰:“道不行,乘桴浮于海。从我者,其由与?”子路闻之喜。子曰:“由也好勇过我,无所取材。”

孟武伯问子路仁乎？子曰："不知也。"又问。子曰："由也，千乘之国，可使治其赋也，不知其仁也。"

"求也何如？"子曰："求也，千室之邑，百乘之家，可使为之宰也，不知其仁也。"

"赤也何如？"子曰："赤也，束带立于朝，可使与宾客言也，不知其仁也。"

子谓子贡曰："汝与回也孰愈？"对曰："赐也何敢望回？回也闻一以知十，赐也闻一以知二。"子曰："弗如也；吾与汝弗如也。"

宰予昼寝。子曰："朽木不可雕也，粪土之墙不可杇也；于予与何诛？"子曰："始吾于人也，听其言而信其行；今吾于人也，听其言而观其行。于予与改是。"

子曰："吾未见刚者。"或对曰："申枨。"子曰："枨也欲，焉得刚？"

子贡曰："我不欲人之加诸我也，吾亦欲无加诸人。"子曰："赐也，非尔所及也。"

子贡曰："夫子之文章，可得而闻也；夫子之言性与天道，不可得而闻也。"

子路有闻，未之能行，唯恐有闻。

子贡问曰："孔文子何以谓之'文'也？"子曰："敏而好学，不耻下问，是以谓之'文'也。"

子谓子产，“有君子之道四焉：其行己也恭，其事上也敬，其养民也惠，其使民也义。”

子曰：“晏平仲善与人交，久而敬之。”

子曰：“臧文仲居蔡，山节藻棁，何如其知也？”

子张问曰：“令尹子文三仕为令尹，无喜色；三已之，无愠色。旧令尹之政，必以告新令尹。何如？”子曰：“忠矣。”曰：“仁矣乎？”曰：“未知；——焉得仁？”

“崔子弑齐君，陈文子有马十乘，弃而违之。至于他邦，则曰：‘犹吾大夫崔子也。’违之。之一邦，则又曰：‘犹吾大夫崔子也。’违之。何如？”子曰：“清矣。”曰：“仁矣乎？”曰：“未知；——焉得仁？”

季文子三思而后行。子闻之，曰：“再，斯可矣。”

子曰：“宁武子，邦有道，则知；邦无道，则愚。其知可及也，其愚不可及也。”

子在陈，曰：“归与！归与！吾党之小子狂简，斐然成章，不知所以裁之。”

子曰：“伯夷、叔齐不念旧恶，怨是用希。”

子曰：“孰谓微生高直？或乞醯焉，乞诸其邻而与之。”

子曰："巧言、令色，足恭，左丘明耻之，丘亦耻之。匿怨而友其人，左丘明耻之，丘亦耻之。"

颜渊季路侍。子曰："盍各言尔志？"

子路曰："愿车马衣轻裘，与朋友共敝之而无憾。"

颜渊曰："愿无伐善，无施劳。"

子路曰："愿闻子之志。"

子曰："老者安之，朋友信之，少者怀之。"

子曰："已矣乎，吾未见能见其过而内自讼者也。"

子曰："十室之邑，必有忠信如丘者焉，不如丘之好学也。"

雍也篇第六

子曰："雍也可使南面。"

仲弓问子桑伯子。子曰："可也简。"

仲弓曰："居敬而行简，以临其民，不亦可乎？居简而行简，无乃大简乎？"子曰："雍之言然。"

哀公问："弟子孰为好学？"孔子对曰："有颜回者好学，不迁怒，不贰过。不幸短命死矣，今也则亡，未闻好学者也。"

子华使于齐，冉子为其母请粟。子曰："与之釜。"

请益。曰："与之庾。"

冉子与之粟五秉。

子曰："赤之适齐也，乘肥马，衣轻裘。吾闻之也：君子周急不继富。"

原思为之宰，与之粟九百，辞。子曰："毋！以与尔邻里乡党乎！"

子谓仲弓，曰："犁牛之子骍且角，虽欲勿用，山川其舍诸？"

子曰："回也，其心三月不违仁，其余则日月至焉而已矣。"

季康子问："仲由可使从政也与？"子曰："由也果，于从政乎何有？"

曰："赐也可使从政也与？"曰："赐也达，于从政乎何有？"

曰："求也可使从政也与？"曰："求也艺，于从政乎何有？"

季氏使闵子骞为费宰。闵子骞曰："善为我辞焉！如有复我者，则吾必在汶上矣。"

伯牛有疾，子问之，自牖执其手，曰："亡之，命矣夫！斯人也而有斯疾也！斯人也而有斯疾也！"

子曰："贤哉，回也！一箪食，一瓢饮，在陋巷，人不堪其忧，回也不改其乐。贤哉，回也！"

冉求曰："非不说子之道，力不足也。"子曰："力不足者，中道而废。今汝画。"

子谓子夏曰:“汝为君子儒!无为小人儒!”

子游为武城宰。子曰:“汝得人焉耳乎?”曰:“有澹台灭明者,行不由径,非公事,未尝至于偃之室也。”

子曰:“孟之反不伐,奔而殿,将入门,策其马,曰:‘非敢后也,马不进也。’”

子曰:“不有祝鮀之佞,而有宋朝之美,难乎免于今之世矣。”

子曰:“谁能出不由户?何莫由斯道也?”

子曰:“质胜文则野,文胜质则史。文质彬彬,然后君子。”

子曰:“人之生也直,罔之生也幸而免。”

子曰:“知之者不如好之者,好之者不如乐之者。”

子曰:“中人以上,可以语上也;中人以下,不可以语上也。”

樊迟问知。子曰:“务民之义,敬鬼神而远之,可谓知矣。”问仁。曰:“仁者先难而后获,可谓仁矣。”

子曰:“知者乐水,仁者乐山。知者动,仁者静。知者乐,仁者寿。”

子曰:“齐一变,至于鲁;鲁一变,至于道。”

子曰:“觚不觚,觚哉?觚哉?”

宰我问曰："仁者，虽告之曰：'井有仁焉。'其从之也？"子曰："何为其然也？君子可逝也，不可陷也；可欺也，不可罔也。"

子曰："君子博学于文，约之以礼，亦可以弗畔矣夫！"

子见南子，子路不说。夫子矢之曰："予所否者，天厌之，天厌之！"

子曰："中庸之为德也，其至矣乎！民鲜久矣。"

子贡曰："如有博施于民而能济众，何如？可谓仁乎？"子曰："何事于仁！必也圣乎！尧舜其犹病诸！夫仁者，己欲立而立人，己欲达而达人。能近取譬，可谓仁之方也已。"

述而篇第七

子曰："述而不作，信而好古，窃比于我老彭。"

子曰："默而识之，学而不厌，诲人不倦，何有于我哉？"

子曰："德之不修，学之不讲，闻义不能徙，不善不能改，是吾忧也。"

子之燕居，申申如也，夭夭如也。

子曰："甚矣吾衰也！久矣吾不复梦见周公！"

子曰："志于道，据于德，依于仁，游于艺。"

子曰："自行束脩以上，吾未尝无诲焉。"

子曰："不愤不启，不悱不发。举一隅不以三隅反，则不复也。"

子食于有丧者之侧，未尝饱也。

子于是日哭，则不歌。

子谓颜渊曰："用之则行，舍之则藏，惟我与尔有是夫！"

子路曰："子行三军，则谁与？"

子曰："暴虎冯河，死而无悔者，吾不与也。必也临事而惧，好谋而成者也。"

子曰："富而可求也，虽执鞭之士，吾亦为之。如不可求，从吾所好。"

子之所慎：齐，战，疾。

子在齐闻《韶》，三月不知肉味，曰："不图为乐之至于斯也。"

冉有曰："夫子为卫君乎？"子贡曰："诺；吾将问之。"

入，曰："伯夷、叔齐何人也？"曰："古之贤人也。"曰："怨乎？"曰："求仁而得仁，又何怨？"

出，曰："夫子不为也。"

子曰："饭疏食饮水，曲肱而枕之，乐亦在其中矣。不义而富且贵，于我如浮云。"

子曰:“加我数年,五十以学《易》,可以无大过矣。”

子所雅言,《诗》、《书》、执礼,皆雅言也。

叶公问孔子于子路,子路不对。子曰:“汝奚不曰,其为人也,发愤忘食,乐以忘忧,不知老之将至云尔。”

子曰:“我非生而知之者,好古,敏以求之者也。”

子不语怪,力,乱,神。

子曰:“三人行,必有我师焉:择其善者而从之,其不善者而改之。”

子曰:“天生德于予,桓魋其如予何?”

子曰:“二三子以我为隐乎?吾无隐乎尔。吾无行而不与二三子者,是丘也。”

子以四教:文,行,忠,信。

子曰:“圣人,吾不得而见之矣;得见君子者,斯可矣。”

子曰:“善人,吾不得而见之矣;得见有恒者,斯可矣。亡而为有,虚而为盈,约而为泰,难乎有恒矣。”

子钓而不纲,弋不射宿。

子曰:“盖有不知而作之者,我无是也。多闻,择其善者而从之；多见而识之；知之次也。”

互乡难与言，童子见，门人惑。子曰：“与其进也，不与其退也，唯何甚？人洁己以进，与其洁也，不保其往也。”

子曰：“仁远乎哉？我欲仁，斯仁至矣。”

陈司败问昭公知礼乎，孔子曰：“知礼。”

孔子退，揖巫马期而进之，曰：“吾闻君子不党，君子亦党乎？君取于吴，为同姓，谓之吴孟子。君而知礼，孰不知礼？”

巫马期以告。子曰：“丘也幸，苟有过，人必知之。”

子与人歌而善，必使反之，而后和之。

子曰：“文，莫吾犹人也。躬行君子，则吾未之有得。”

子曰：“若圣与仁，则吾岂敢？抑为之不厌，诲人不倦，则可谓云尔已矣。”公西华曰：“正唯弟子不能学也。”

子疾病，子路请祷。子曰：“有诸？”子路对曰：“有之；《诔》曰：‘祷尔于上下神祇。’”子曰：“丘之祷久矣。”

子曰：“奢则不孙，俭则固。与其不孙也，宁固。”

子曰：“君子坦荡荡，小人长戚戚。”

子温而厉，威而不猛，恭而安。

泰伯篇第八

子曰："泰伯，其可谓至德也已矣。三以天下让，民无得而称焉。"

子曰："恭而无礼则劳，慎而无礼则葸，勇而无礼则乱，直而无礼则绞。君子笃于亲，则民兴于仁；故旧不遗，则民不偷。"

曾子有疾，召门弟子曰："启予足！启予手！《诗》云：'战战兢兢，如临深渊，如履薄冰。'而今而后，吾知免夫！小子！"

曾子有疾，孟敬子问之。曾子言曰："鸟之将死，其鸣也哀；人之将死，其言也善。君子所贵乎道者三：动容貌，斯远暴慢矣；正颜色，斯近信矣；出辞气，斯远鄙倍矣。笾豆之事，则有司存。"

曾子曰："以能问于不能，以多问于寡；有若无，实若虚；犯而不校——昔者吾友尝从事于斯矣。"

曾子曰："可以托六尺之孤，可以寄百里之命，临大节而不可夺也——君子人与？君子人也。"

曾子曰："士不可以不弘毅，任重而道远。仁以为己任，不亦重乎？死而后已，不亦远乎？"

子曰："兴于《诗》，立于礼，成于乐。"

子曰："民可使由之，不可使知之。"

子曰：“好勇疾贫，乱也。人而不仁，疾之已甚，乱也。”

子曰：“如有周公之才之美，使骄且吝，其余不足观也已。”

子曰：“三年学，不至于谷，不易得也。”

子曰：“笃信好学，守死善道。危邦不入，乱邦不居。天下有道则见，无道则隐。邦有道，贫且贱焉，耻也；邦无道，富且贵焉，耻也。”

子曰：“不在其位，不谋其政。”

子曰：“师挚之始，《关雎》之乱，洋洋乎盈耳哉！”

子曰：“狂而不直，侗而不愿，悾悾而不信，吾不知之矣。”

子曰：“学如不及，犹恐失之。”

子曰：“巍巍乎，舜禹之有天下也而不与焉！”

子曰：“大哉尧之为君也！巍巍乎！唯天为大，唯尧则之。荡荡乎，民无能名焉。巍巍乎其有成功也，焕乎其有文章！”

舜有臣五人而天下治。武王曰：“予有乱臣十人。”孔子曰：“才难，不其然乎？唐虞之际，于斯为盛。有妇人焉，九人而已。三分天下有其二，以服事殷。周之德，其可谓至德也已矣。”

子曰：“禹，吾无间然矣。菲饮食而致孝乎鬼神，恶衣服而致美乎黻冕，卑宫室而尽力乎沟洫。禹，吾无间然矣。”

子罕篇第九

子罕言利与命与仁。

达巷党人曰：“大哉孔子！博学而无所成名。”子闻之，谓门弟子曰：“吾何执？执御乎？执射乎？吾执御矣。”

子曰：“麻冕，礼也；今也纯，俭，吾从众。拜下，礼也；今拜乎上，泰也。虽违众，吾从下。”

子绝四——毋意，毋必，毋固，毋我。

子畏于匡，曰：“文王既没，文不在兹乎？天之将丧斯文也，后死者不得与于斯文也；天之未丧斯文也，匡人其如予何？”

太宰问于子贡曰：“夫子圣者与？何其多能也？”子贡曰：“固天纵之将圣，又多能也。”

子闻之，曰：“太宰知我乎！吾少也贱，故多能鄙事。君子多乎哉？不多也。”

牢曰：“子云，‘吾不试，故艺’。”

子曰：“吾有知乎哉？无知也。有鄙夫问于我，空空如也。我叩其两端而竭焉。”

子曰:“凤鸟不至,河不出图,吾已矣夫！”

子见齐衰者、冕衣裳者与瞽者,见之,虽少,必作;过之,必趋。

颜渊喟然叹曰:“仰之弥高,钻之弥坚。瞻之在前,忽焉在后。夫子循循然善诱人,博我以文,约我以礼,欲罢不能。既竭吾才,如有所立卓尔。虽欲从之,末由也已。”

子疾病,子路使门人为臣。病间,曰:“久矣哉,由之行诈也！无臣而为有臣。吾谁欺?欺天乎！且予与其死于臣之手也,无宁死于二三子之手乎！且予纵不得大葬,予死于道路乎?”

子贡曰:“有美玉于斯,韫椟而藏诸?求善贾而沽诸?”子曰:“沽之哉！沽之哉！我待贾者也。”

子欲居九夷。或曰:“陋,如之何?”子曰:“君子居之,何陋之有?”

子曰:“吾自卫反鲁,然后乐正,《雅》《颂》各得其所。”

子曰:“出则事公卿,入则事父兄,丧事不敢不勉,不为酒困,何有于我哉?”

子在川上,曰:“逝者如斯夫！不舍昼夜。”

子曰:“吾未见好德如好色者也。”

子曰:“譬如为山,未成一篑,止,吾止也。譬如平地,虽覆一篑,进,吾往也。”

子曰："语之而不惰者，其回也与！"

子谓颜渊，曰："惜乎！吾见其进也，未见其止也。"

子曰："苗而不秀者有矣夫！秀而不实者有矣夫！"

子曰："后生可畏，焉知来者之不如今也？四十、五十而无闻焉，斯亦不足畏也已。"

子曰："法语之言，能无从乎？改之为贵。巽与之言，能无说乎？绎之为贵。说而不绎，从而不改，吾末如之何也已矣。"

子曰："主忠信，毋友不如己者，过则勿惮改。"

子曰："三军可夺帅也，匹夫不可夺志也。"

子曰："衣敝缊袍，与衣狐貉者立，而不耻者，其由也与？'不忮不求，何用不臧？'"子路终身诵之。子曰："是道也，何足以臧？"

子曰："岁寒，然后知松柏之后凋也。"

子曰："知者不惑，仁者不忧，勇者不惧。"

子曰："可与共学，未可与适道；可与适道，未可与立；可与立，未可与权。"

"唐棣之华，偏其反而。岂不尔思？室是远而。"子曰："未之思也，夫何远之有？"

乡党篇第十

孔子于乡党，恂恂如也，似不能言者。

其在宗庙朝廷，便便言，唯谨尔。

朝，与下大夫言，侃侃如也；与上大夫言，訚訚如也。君在，踧踖如也，与与如也。

君召使摈，色勃如也，足躩如也。揖所与立，左右手，衣前后，襜如也。趋进，翼如也。宾退，必复命曰："宾不顾矣。"

入公门，鞠躬如也，如不容。

立不中门，行不履阈。

过位，色勃如也，足躩如也，其言似不足者。

摄齐升堂，鞠躬如也，屏气似不息者。

出，降一等，逞颜色，怡怡如也。

没阶，趋进，翼如也。

复其位，踧踖如也。

执圭，鞠躬如也，如不胜。上如揖，下如授。勃如战色，足蹜蹜如有循。

享礼，有容色。

私觌，愉愉如也。

君子不以绀緅饰，红紫不以为亵服。

当暑，袗絺绤，必表而出之。

缁衣，羔裘；素衣，麑裘；黄衣，狐裘。

亵裘长，短右袂。

必有寝衣，长一身有半。

狐貉之厚以居。

去丧，无所不佩。

非帷裳，必杀之。

羔裘玄冠不以吊。

吉月，必朝服而朝。

齐，必有明衣，布。

齐必变食，居必迁坐。

食不厌精，脍不厌细。

食饐而餲，鱼馁而肉败，不食。色恶，不食。臭恶，不食。失饪，不食。不时，不食。割不正，不食。不得其酱，不食。

肉虽多，不使胜食气。

唯酒无量，不及乱。

沽酒市脯不食。

不撤姜食，不多食。

祭于公，不宿肉。祭肉不出三日。出三日，不食之矣。

食不语，寝不言。

虽疏食菜羹，瓜祭，必齐如也。

席不正，不坐。

乡人饮酒,杖者出,斯出矣。

乡人傩,朝服而立于阼阶。

问人于他邦,再拜而送之。

康子馈药,拜而受之。曰:“丘未达,不敢尝。”

厩焚。子退朝,曰:“伤人乎?”不问马。

君赐食,必正席先尝之。君赐腥,必熟而荐之。君赐生,必畜之。
侍食于君,君祭,先饭。

疾,君视之,东首,加朝服,拖绅。

君命召,不俟驾行矣。

入太庙,每事问。

朋友死,无所归,曰:“于我殡。”

朋友之馈,虽车马,非祭肉,不拜。

寝不尸,居不客。

见齐衰者,虽狎,必变。见冕者与瞽者,虽亵,必以貌。
凶服者式之。式负版者。
有盛馔,必变色而作。
迅雷风烈必变。

升车，必正立，执绥。

车中，不内顾，不疾言，不亲指。

色斯举矣，翔而后集。曰："山梁雌雉，时哉时哉！"子路共之，三嗅而作。

先进篇第十一

子曰："先进于礼乐，野人也；后进于礼乐，君子也。如用之，则吾从先进。"

子曰："从我于陈、蔡者，皆不及门也。

德行：颜渊，闵子骞，冉伯牛，仲弓。言语：宰我，子贡。政事：冉有，季路。文学：子游，子夏。

子曰："回也非助我者也，于吾言无所不说。"

子曰："孝哉闵子骞！人不间于其父母昆弟之言。"

南容三复白圭，孔子以其兄之子妻之。

季康子问："弟子孰为好学？"孔子对曰："有颜回者好学，不幸短命死矣，今也则亡。"

颜渊死，颜路请子之车以为之椁。子曰："才不才，亦各言其子也。鲤也死，有棺而无椁。吾不徒行以为之椁。以吾从大夫之后，不可徒行也。"

颜渊死。子曰："噫！天丧予！天丧予！"

颜渊死，子哭之恸。从者曰："子恸矣！"曰："有恸乎？非夫人之为恸而谁为？"

颜渊死，门人欲厚葬之。子曰："不可。"

门人厚葬之。子曰："回也视予犹父也，予不得视犹子也。非我也，夫二三子也。"

季路问事鬼神。子曰："未能事人，焉能事鬼？"曰："敢问死。"曰："未知生，焉知死？"

闵子侍侧，訚訚如也；子路，行行如也；冉有、子贡，侃侃如也。子乐。"若由也，不得其死然。"

鲁人为长府。闵子骞曰："仍旧贯，如之何？何必改作？"子曰："夫人不言，言必有中。"

子曰："由之瑟奚为于丘之门？"门人不敬子路。子曰："由也升堂矣，未入于室也。"

子贡问："师与商也孰贤？"子曰："师也过，商也不及。"

曰："然则师愈与？"子曰："过犹不及。"

季氏富于周公，而求也为之聚敛而附益之。子曰："非吾徒也。小子鸣鼓而攻之，可也。"

柴也愚，参也鲁，师也辟，由也喭。

子曰："回也其庶乎，屡空。赐不受命，而货殖焉，亿则屡中。"

子张问善人之道。子曰："不践迹，亦不入于室。"

子曰："论笃是与，君子者乎？色庄者乎？"

子路问："闻斯行诸？"子曰："有父兄在，如之何其闻斯行之？"

冉有问："闻斯行诸？"子曰："闻斯行之。"

公西华曰："由也问闻斯行诸，子曰，'有父兄在'；求也问闻斯行诸，子曰，'闻斯行之'。赤也惑，敢问。"子曰："求也退，故进之；由也兼人，故退之。"

子畏于匡，颜渊后。子曰："吾以汝为死矣。"曰："子在，回何敢死？"

季子然问："仲由、冉求可谓大臣与？"子曰："吾以子为异之问，曾由与求之问。所谓大臣者，以道事君，不可则止。今由与求也，可谓具臣矣。"

曰："然则从之者与？"子曰："弑父与君，亦不从也。"

子路使子羔为费宰。子曰："贼夫人之子。"

子路曰："有民人焉，有社稷焉，何必读书，然后为学？"

子曰："是故恶夫佞者。"

子路、曾皙、冉有、公西华侍坐。

子曰："以吾一日长乎尔，毋吾以也。居则曰：'不吾知也！'如或知尔，则何以哉？"

子路率尔而对曰："千乘之国，摄乎大国之间，加之以师旅，因之以饥馑；由也为之，比及三年，可使有勇，且知方也。"

夫子哂之。

"求！尔何如？"

对曰："方六七十，如五六十，求也为之，比及三年，可使足民。如其礼乐，以俟君子。"

"赤！尔何如？"

对曰："非曰能之，愿学焉。宗庙之事，如会同，端章甫，愿为小相焉。"

"点！尔何如？"

鼓瑟希，铿尔，舍瑟而作，对曰："异乎三子者之撰。"

子曰："何伤乎？亦各言其志也。"

曰："莫春者，春服既成，冠者五六人，童子六七人，浴乎沂，风乎舞雩，咏而归。"

夫子喟然叹曰："吾与点也！"

三子者出，曾皙后。曾皙曰："夫三子者之言何如？"

子曰："亦各言其志也已矣。"

曰："夫子何哂由也？"

曰："为国以礼，其言不让，是故哂之。"

"唯求则非邦也与？"

"安见方六七十如五六十而非邦也者？"

"唯赤则非邦也与？"

"宗庙会同，非诸侯而何？赤也为之小，孰能为之大？"

颜渊篇第十二

颜渊问仁。子曰："克己复礼为仁。一日克己复礼，天下归仁焉。为仁由己，而由人乎哉？"

颜渊曰："请问其目。"子曰："非礼勿视，非礼勿听，非礼勿言，非礼勿动。"

颜渊曰："回虽不敏，请事斯语矣。"

仲弓问仁。子曰："出门如见大宾，使民如承大祭。己所不欲，勿施于人。在邦无怨，在家无怨。"

仲弓曰："雍虽不敏，请事斯语矣。"

司马牛问仁。子曰："仁者，其言也讱。"

曰："其言也讱，斯谓之仁已乎？"子曰："为之难，言之得无讱乎？"

司马牛问君子。子曰："君子不忧不惧。"

曰："不忧不惧，斯谓之君子已乎？"子曰："内省不疚，夫何忧何惧？"

司马牛忧曰："人皆有兄弟，我独亡。"子夏曰："商闻之矣：死生有命，富贵在天。君子敬而无失，与人恭而有礼。四海之内，皆兄弟也——君子何患乎无兄弟也？"

子张问明。子曰:“浸润之谮,肤受之愬,不行焉,可谓明也已矣。浸润之谮,肤受之愬,不行焉,可谓远也已矣。”

子贡问政。子曰:“足食,足兵,民信之矣。”

子贡曰:“必不得已而去,于斯三者何先?”曰:“去兵。”

子贡曰:“必不得已而去,于斯二者何先?”曰:“去食。自古皆有死,民无信不立。”

棘子成曰:“君子质而已矣,何以文为?”子贡曰:“惜乎,夫子之说君子也!驷不及舌。文犹质也,质犹文也。虎豹之鞟犹犬羊之鞟。”

哀公问于有若曰:“年饥,用不足,如之何?”

有若对曰:“盍彻乎?”

曰:“二,吾犹不足,如之何其彻也?”

对曰:“百姓足,君孰与不足?百姓不足,君孰与足?”

子张问崇德辨惑。子曰:“主忠信,徙义,崇德也。爱之欲其生,恶之欲其死。既欲其生,又欲其死,是惑也。‘诚不以富,亦只以异。’”

齐景公问政于孔子。孔子对曰:“君君,臣臣,父父,子子。”公曰:“善哉!信如君不君,臣不臣,父不父,子不子,虽有粟,吾得而食诸?”

子曰:“片言可以折狱者,其由也与?”

子路无宿诺。

子曰:“听讼,吾犹人也。必也使无讼乎!”

子张问政。子曰:“居之无倦,行之以忠。”

子曰:“博学于文,约之以礼,亦可以弗畔矣夫!”

子曰:“君子成人之美,不成人之恶。小人反是。”

季康子问政于孔子。孔子对曰:“政者,正也。子帅以正,孰敢不正?”

季康子患盗,问于孔子。孔子对曰:“苟子之不欲,虽赏之不窃。”

季康子问政于孔子曰:“如杀无道,以就有道,何如?”孔子对曰:“子为政,焉用杀?子欲善而民善矣。君子之德风,小人之德草。草上之风,必偃。”

子张问:“士何如斯可谓之达矣?”子曰:“何哉,尔所谓达者?”子张对曰:“在邦必闻,在家必闻。”子曰:“是闻也,非达也。夫达也者,质直而好义,察言而观色,虑以下人。在邦必达,在家必达。夫闻也者,色取仁而行违,居之不疑。在邦必闻,在家必闻。”

樊迟从游于舞雩之下,曰:“敢问崇德,修慝,辨惑。”子曰:“善哉问!先事后得,非崇德与?攻其恶,无攻人之恶,非修慝与?

一朝之忿，忘其身，以及其亲，非惑与？”

樊迟问仁。子曰：“爱人。”问知。子曰：“知人。”

樊迟未达。子曰：“举直错诸枉，能使枉者直。”

樊迟退，见子夏曰：“乡也吾见于夫子而问知，子曰，‘举直错诸枉，能使枉者直’，何谓也？”

子夏曰：“富哉言乎！舜有天下，选于众，举皋陶，不仁者远矣。汤有天下，选于众，举伊尹，不仁者远矣。”

子贡问友。子曰：“忠告而善道之，不可则止，毋自辱焉。”

曾子曰：“君子以文会友，以友辅仁。”

子路篇第十三

子路问政。子曰：“先之劳之。”请益。曰：“无倦。”

仲弓为季氏宰，问政。子曰：“先有司，赦小过，举贤才。”

曰：“焉知贤才而举之？”子曰：“举尔所知；尔所不知，人其舍诸？”

子路曰：“卫君待子而为政，子将奚先？”

子曰：“必也正名乎！”

子路曰：“有是哉，子之迂也！奚其正？”

子曰：“野哉，由也！君子于其所不知，盖阙如也。名不正，则言不顺；言不顺，则事不成；事不成，则礼乐不兴；礼乐不兴，则刑罚不中；刑罚不中，则民无所措手足。故君子名之必可言也，言之必可行也。君子于其言，无所苟而已矣。”

樊迟请学稼。子曰：“吾不如老农。”请学为圃。曰：“吾不如老圃。”

樊迟出。子曰：“小人哉，樊须也！上好礼，则民莫敢不敬；上好义，则民莫敢不服；上好信，则民莫敢不用情。夫如是，则四方之民襁负其子而至矣，焉用稼？”

子曰：“诵《诗》三百，授之以政，不达；使于四方，不能专对；虽多，亦奚以为？”

子曰：“其身正，不令而行；其身不正，虽令不从。”

子曰：“鲁卫之政，兄弟也。”

子谓卫公子荆，“善居室。始有，曰：‘苟合矣。’少有，曰：‘苟完矣。’富有，曰：‘苟美矣。’”

子适卫，冉有仆。子曰：“庶矣哉！”

冉有曰：“既庶矣，又何加焉？”曰：“富之。”

曰：“既富矣，又何加焉？”曰：“教之。”

子曰：“苟有用我者，期月而已可也，三年有成。”

子曰：“‘善人为邦百年，亦可以胜残去杀矣。’诚哉是言也！”

子曰：“如有王者，必世而后仁。”

子曰："苟正其身矣，于从政乎何有？不能正其身，如正人何？"

冉子退朝。子曰："何晏也？"对曰："有政。"子曰："其事也。如有政，虽不吾以，吾其与闻之。"

定公问："一言而可以兴邦，有诸？"

孔子对曰："言不可以若是其几也。人之言曰：'为君难，为臣不易。'如知为君之难也，不几乎一言而兴邦乎？"

曰："一言而丧邦，有诸？"

孔子对曰："言不可以若是其几也。人之言曰：'予无乐乎为君，唯其言而莫予违也。'如其善而莫之违也，不亦善乎？如不善而莫之违也，不几乎一言而丧邦乎？"

叶公问政。子曰："近者悦，远者来。"

子夏为莒父宰，问政。子曰："无欲速，无见小利。欲速，则不达；见小利，则大事不成。"

叶公语孔子曰："吾党有直躬者，其父攘羊，而子证之。"孔子曰："吾党之直者异于是：父为子隐，子为父隐。——直在其中矣。"

樊迟问仁。子曰："居处恭，执事敬，与人忠。虽之夷狄，不可弃也。"

子贡问曰："何如斯可谓之士矣？"子曰："行己有耻，使于四方，不辱君命，可谓士矣。”

曰：“敢问其次。”曰：“宗族称孝焉，乡党称弟焉。”

曰：“敢问其次。”曰：“言必信，行必果，硁硁然小人哉！——抑亦可以为次矣。”

曰：“今之从政者何如？”子曰：“噫！斗筲之人，何足算也？”

子曰：“不得中行而与之，必也狂狷乎！狂者进取，狷者有所不为也。”

子曰：“南人有言曰：‘人而无恒，不可以作巫医。’善夫！”

“不恒其德，或承之羞。”子曰：“不占而已矣。”

子曰：“君子和而不同，小人同而不和。”

子贡问曰：“乡人皆好之，何如？”子曰：“未可也。”

“乡人皆恶之，何如？”子曰：“未可也；不如乡人之善者好之，其不善者恶之。”

子曰：“君子易事而难说也。说之不以道，不说也；及其使人也，器之。小人难事而易说也。说之虽不以道，说也；及其使人也，求备焉。”

子曰：“君子泰而不骄，小人骄而不泰。”

子曰：“刚、毅、木、讷近仁。”

子路问曰：“何如斯可谓之士矣？”子曰：“切切偲偲，怡怡如也，可谓士矣。朋友切切偲偲，兄弟怡怡。”

子曰：“善人教民七年，亦可以即戎矣。”

子曰：“以不教民战，是谓弃之。”

宪问篇第十四

宪问耻。子曰：“邦有道，谷；邦无道，谷，耻也。”

“克、伐、怨、欲不行焉，可以为仁矣？”子曰：“可以为难矣。仁则吾不知也。”

子曰：“士而怀居，不足以为士矣。”

子曰：“邦有道，危言危行；邦无道，危行言孙。”

子曰：“有德者必有言，有言者不必有德。仁者必有勇，勇者不必有仁。”

南宫适问于孔子曰：“羿善射，奡荡舟，俱不得其死然。禹稷躬稼而有天下。”夫子不答。

南宫适出，子曰：“君子哉若人！尚德哉若人！”

子曰：“君子而不仁者有矣夫，未有小人而仁者也。”

子曰：“爱之，能勿劳乎？忠焉，能勿诲乎？”

子曰：“为命，裨谌草创之，世叔讨论之，行人子羽修饰之，东里子产润色之。”

或问子产。子曰：“惠人也。”

问子西。曰：“彼哉！彼哉！”

问管仲。曰：“人也。夺伯氏骈邑三百，饭疏食，没齿无怨言。”

子曰：“贫而无怨难，富而无骄易。”

子曰：“孟公绰为赵魏老则优，不可以为滕、薛大夫。”

子路问成人。子曰：“若臧武仲之知，公绰之不欲，卞庄子之勇，冉求之艺，文之以礼乐，亦可以为成人矣。”曰：“今之成人者何必然？见利思义，见危授命，久要不忘平生之言，亦可以为成人矣。”

子问公叔文子于公明贾曰：“信乎，夫子不言，不笑，不取乎？”

公明贾对曰：“以告者过也。夫子时然后言，人不厌其言；乐然后笑，人不厌其笑；义然后取，人不厌其取。”

子曰：“其然？岂其然乎？”

子曰：“臧武仲以防求为后于鲁，虽曰不要君，吾不信也。”

子曰：“晋文公谲而不正，齐桓公正而不谲。”

子路曰：“桓公杀公子纠，召忽死之，管仲不死。”曰：“未仁乎？”子曰：“桓公九合诸侯，不以兵车，管仲之力也。如其仁，如其仁。”

子贡曰：“管仲非仁者与？桓公杀公子纠，不能死，又相之。”

子曰:“管仲相桓公,霸诸侯,一匡天下,民到于今受其赐。微管仲,吾其被发左衽矣。岂若匹夫匹妇之为谅也,自经于沟渎而莫之知也?”

公叔文子之臣大夫僎与文子同升诸公。子闻之,曰:“可以为‘文’矣。”

子言卫灵公之无道也,康子曰:“夫如是,奚而不丧?”孔子曰:“仲叔圉治宾客,祝鮀治宗庙,王孙贾治军旅。夫如是,奚其丧?”

子曰:“其言之不怍,则为之也难。”

陈成子弑简公。孔子沐浴而朝,告于哀公曰:“陈恒弑其君,请讨之。”公曰:“告夫三子!”

孔子曰:“以吾从大夫之后,不敢不告也。君曰‘告夫三子’者。”

之三子告,不可。孔子曰:“以吾从大夫之后,不敢不告也。”

子路问事君。子曰:“勿欺也,而犯之。”

子曰:“君子上达,小人下达。”

子曰:“古之学者为己,今之学者为人?”

蘧伯玉使人于孔子。孔子与之坐而问焉,曰:“夫子何为?”对曰:“夫子欲寡其过而未能也。”

使者出。子曰:“使乎!使乎!”

子曰:“不在其位,不谋其政。”

曾子曰:“君子思不出其位。”

子曰:“君子耻其言而过其行。”

子曰:“君子道者三,我无能焉:仁者不忧,知者不惑,勇者不惧。”子贡曰:“夫子自道也。”

子贡方人。子曰:“赐也贤乎哉?夫我则不暇。”

子曰:“不患人之不己知,患其不能也。”

子曰:“不逆诈,不亿不信,抑亦先觉者,是贤乎!”

微生亩谓孔子曰:“丘何为是栖栖者与?无乃为佞乎?”孔子曰:“非敢为佞也,疾固也。”

子曰:“骥不称其力,称其德也。”

或曰:“以德报怨,何如?”子曰:“何以报德?以直报怨,以德报德。”

子曰:“莫我知也夫!”子贡曰:“何为其莫知子也?”子曰:“不怨天,不尤人,下学而上达。知我者其天乎!”

公伯寮愬子路于季孙。子服景伯以告,曰:“夫子固有惑志于公伯寮，吾力犹能肆诸市朝。”

子曰：“道之将行也与，命也；道之将废也与，命也。公伯寮其如命何！”

子曰：“贤者辟世，其次辟地，其次辟色，其次辟言。”

子曰：“作者七人矣。”

子路宿于石门。晨门曰：“奚自？”子路曰：“自孔氏。”曰：“是知其不可而为之者与？”

子击磬于卫，有荷蒉而过孔氏之门者，曰：“有心哉，击磬乎！”既而曰：“鄙哉，硁硁乎！莫己知也，斯己而已矣。深则厉，浅则揭。”

子曰：“果哉！末之难矣。”

子张曰：“《书》云：‘高宗谅阴，三年不言。’何谓也？”子曰：“何必高宗，古之人皆然。君薨，百官总己以听于冢宰三年。”

子曰：“上好礼，则民易使也。”

子路问君子。子曰：“修己以敬。”

曰：“如斯而已乎？”曰：“修己以安人。”

曰：“如斯而已乎？”曰：“修己以安百姓。修己以安百姓，尧舜其犹病诸？”

原壤夷俟。子曰：“幼而不孙弟，长而无述焉，老而不死，是为贼。”以杖叩其胫。

阙党童子将命。或问之曰:“益者与?”子曰:“吾见其居于位也,见其与先生并行也。非求益者也,欲速成者也。”

卫灵公篇第十五

卫灵公问陈于孔子。孔子对曰:“俎豆之事,则尝闻之矣;军旅之事,未之学也。”明日遂行。

在陈绝粮,从者病,莫能兴。子路愠见曰:“君子亦有穷乎?”子曰:“君子固穷,小人穷斯滥矣。”

子曰:“赐也,汝以予为多学而识之者与?”对曰:“然,非与?”曰:“非也,予一以贯之。”

子曰:“由!知德者鲜矣。”

子曰:“无为而治者其舜也与?夫何为哉?恭己正南面而已矣。”

子张问行。子曰:“言忠信,行笃敬,虽蛮貊之邦,行矣。言不忠信,行不笃敬,虽州里,行乎哉?立则见其参于前也,在舆则见其倚于衡也,夫然后行。”子张书诸绅。

子曰:“直哉史鱼!邦有道,如矢;邦无道,如矢。君子哉蘧伯玉!邦有道,则仕;邦无道,则可卷而怀之。”

子曰:“可与言而不与之言,失人;不可与言而与之言,失言。

知者不失人，亦不失言。”

子曰：“志士仁人，无求生以害仁，有杀身以成仁。”

子贡问为仁。子曰：“工欲善其事，必先利其器。居是邦也，事其大夫之贤者，友其士之仁者。”

颜渊问为邦。子曰：“行夏之时，乘殷之辂，服周之冕，乐则《韶》《舞》。放郑声，远佞人。郑声淫，佞人殆。”

子曰：“人无远虑，必有近忧。”

子曰：“已矣乎！吾未见好德如好色者也。”

子曰：“臧文仲其窃位者与！知柳下惠之贤而不与立也。”

子曰：“躬自厚而薄责于人，则远怨矣。”

子曰：“不曰‘如之何，如之何’者，吾末如之何也已矣。”

子曰：“群居终日，言不及义，好行小慧，难矣哉！”

子曰：“君子义以为质，礼以行之，孙以出之，信以成之。君子哉！”

子曰：“君子病无能焉，不病人之不己知也。”

子曰：“君子疾没世而名不称焉。”

子曰:“君子求诸己,小人求诸人。”

子曰:“君子矜而不争,群而不党。”

子曰:“君子不以言举人,不以人废言。”

子贡问曰:“有一言而可以终身行之者乎?”子曰:“其恕乎!己所不欲,勿施于人。”

子曰:“吾之于人也,谁毁谁誉?如有所誉者,其有所试矣。斯民也,三代之所以直道而行也。”

子曰:“吾犹及史之阙文也。有马者借人乘之,今亡矣夫!”

子曰:“巧言乱德。小不忍,则乱大谋。”

子曰:“众恶之,必察焉;众好之,必察焉。”

子曰:“人能弘道,非道弘人。”

子曰:“过而不改,是谓过矣。”

子曰:“吾尝终日不食,终夜不寝,以思,无益,不如学也。”

子曰:“君子谋道不谋食。耕也,馁在其中矣;学也,禄在其中矣。君子忧道不忧贫。”

子曰:“知及之,仁不能守之;虽得之,必失之。知及之,仁能守之。不庄以莅之,则民不敬。知及之,仁能守之,庄以莅之,动之不以礼,未善也。”

子曰:“君子不可小知而可大受也，小人不可大受而可小知也。”

子曰:“民之于仁也,甚于水火。水火,吾见蹈而死者矣,未见蹈仁而死者也。”

子曰:“当仁,不让于师。”

子曰:“君子贞而不谅。”

子曰:“事君,敬其事而后其食。”

子曰:“有教无类。”

子曰:“道不同,不相为谋。”

子曰:“辞达而已矣。”

师冕见,及阶,子曰:“阶也。”及席,子曰:“席也。”皆坐,子告之曰:“某在斯,某在斯。”

师冕出。子张问曰:“与师言之道与?”子曰:“然;固相师之道也。”

季氏篇第十六

季氏将伐颛臾。冉有、季路见于孔子曰:“季氏将有事于颛臾。”

孔子曰：“求！无乃尔是过与？夫颛臾，昔者先王以为东蒙主，且在邦域之中矣，是社稷之臣也。何以伐为？”

冉有曰：“夫子欲之，吾二臣者皆不欲也。”

孔子曰：“求！周任有言曰：‘陈力就列，不能者止。’危而不持，颠而不扶，则将焉用彼相矣？且尔言过矣，虎兕出于柙，龟玉毁于椟中，是谁之过与？”

冉有曰：“今夫颛臾，固而近于费。今不取，后世必为子孙忧。”

孔子曰：“求！君子疾夫舍曰欲之而必为之辞。丘也闻有国有家者，不患寡而患不均，不患贫而患不安。盖均无贫，和无寡，安无倾。夫如是，故远人不服，则修文德以来之。既来之，则安之。今由与求也，相夫子，远人不服，而不能来也；邦分崩离析，而不能守也；而谋动干戈于邦内。吾恐季孙之忧，不在颛臾，而在萧墙之内也。”

孔子曰：“天下有道，则礼乐征伐自天子出；天下无道，则礼乐征伐自诸侯出。自诸侯出，盖十世希不失矣；自大夫出，五世希不失矣；陪臣执国命，三世希不失矣。天下有道，则政不在大夫。天下有道，则庶人不议。”

孔子曰：“禄之去公室五世矣，政逮于大夫四世矣，故夫三桓之子孙微矣。”

孔子曰：“益者三友，损者三友。友直，友谅，友多闻，益矣。友便辟，友善柔，友便佞，损矣。”

孔子曰:“益者三乐,损者三乐。乐节礼乐,乐道人之善,乐多贤友,益矣。乐骄乐,乐佚游,乐宴乐,损矣。”

孔子曰:“侍于君子有三愆:言未及之而言谓之躁,言及之而不言谓之隐,未见颜色而言谓之瞽。”

孔子曰:“君子有三戒:少之时,血气未定,戒之在色;及其壮也,血气方刚,戒之在斗;及其老也,血气既衰,戒之在得。”

孔子曰:“君子有三畏:畏天命,畏大人,畏圣人之言。小人不知天命而不畏也,狎大人,侮圣人之言。”

孔子曰:“生而知之者上也,学而知之者次也;困而学之,又其次也;困而不学,民斯为下矣。”

孔子曰:“君子有九思:视思明,听思聪,色思温,貌思恭,言思忠,事思敬,疑思问,忿思难,见得思义。”

孔子曰:“见善如不及,见不善如探汤。吾见其人矣,吾闻其语矣。隐居以求其志,行义以达其道。吾闻其语矣,未见其人也。

齐景公有马千驷,死之日,民无德而称焉。伯夷叔齐饿于首阳之下,民到于今称之。其斯之谓与?

陈亢问于伯鱼曰:“子亦有异闻乎?”

对曰:“未也。尝独立,鲤趋而过庭。曰:‘学诗乎?’对曰:‘未也。’‘不学诗,无以言。’鲤退而学诗。他日,又独立,鲤趋而过庭。

曰：'学礼乎？'对曰：'未也。''不学礼，无以立。'鲤退而学礼。闻斯二者。"

陈亢退而喜曰："问一得三，闻诗，闻礼，又闻君子之远其子也。"

邦君之妻，君称之曰夫人，夫人自称曰小童；邦人称之曰君夫人，称诸异邦曰寡小君；异邦人称之亦曰君夫人。

阳货篇第十七

阳货欲见孔子，孔子不见，归孔子豚。

孔子时其亡也，而往拜之。

遇诸途。

谓孔子曰："来！予与尔言。"曰："怀其宝而迷其邦，可谓仁乎？"曰："不可。——好从事而亟失时，可谓知乎？"曰："不可。——日月逝矣，岁不我与。"

孔子曰："诺；吾将仕矣。"

子曰："性相近也，习相远也。"

子曰："唯上知与下愚不移。"

子之武城，闻弦歌之声。夫子莞尔而笑，曰："割鸡焉用牛刀？"

子游对曰："昔者偃也闻诸夫子曰：'君子学道则爱人，小人学道则易使也。'"

子曰："二三子！偃之言是也。前言戏之耳。"

公山弗扰以费畔，召，子欲往。

子路不说，曰："末之也，已，何必公山氏之之也？"

子曰："夫召我者，而岂徒哉？如有用我者，吾其为东周乎？"

子张问仁于孔子。孔子曰："能行五者于天下为仁矣。"

"请问之。"曰："恭，宽，信，敏，惠。恭则不侮，宽则得众，信则人任焉，敏则有功，惠则足以使人。"

佛肸召，子欲往。

子路曰："昔者由也闻诸夫子曰：'亲于其身为不善者，君子不入也。'佛肸以中牟畔，子之往也，如之何？"

子曰："然，有是言也。不曰坚乎，磨而不磷；不曰白乎，涅而不缁。吾岂匏瓜也哉？焉能系而不食？"

子曰："由也！汝闻六言六蔽矣乎？"对曰："未也。"

"居，吾语汝。好仁不好学，其蔽也愚；好知不好学，其蔽也荡；好信不好学，其蔽也贼；好直不好学，其蔽也绞；好勇不好学，其蔽也乱；好刚不好学，其蔽也狂。"

子曰："小子何莫学夫诗？诗，可以兴，可以观，可以群，可以怨。迩之事父，远之事君；多识于鸟兽草木之名。"

子谓伯鱼曰："汝为《周南》《召南》矣乎？人而不为《周南》《召南》，其犹正墙面而立也与？"

子曰:“礼云礼云,玉帛云乎哉?乐云乐云,钟鼓云乎哉?”

子曰:“色厉而内荏,譬诸小人,其犹穿窬之盗也与?”

子曰:“乡愿,德之贼也。”

子曰:“道听而途说,德之弃也。”

子曰:“鄙夫可与事君也与哉?其未得之也,患得之。既得之,患失之。苟患失之,无所不至矣。”

子曰:“古者民有三疾,今也或是之亡也。古之狂也肆,今之狂也荡;古之矜也廉,今之矜也忿戾;古之愚也直,今之愚也诈而已矣。”

子曰:“巧言令色,鲜矣仁。”

子曰:“恶紫之夺朱也,恶郑声之乱雅乐也,恶利口之覆邦家者。”

子曰:“予欲无言。”子贡曰:“子如不言,则小子何述焉?”子曰:“天何言哉?四时行焉,百物生焉,天何言哉?”

孺悲欲见孔子,孔子辞以疾。将命者出户,取瑟而歌,使之闻之。

宰我问:“三年之丧,期已久矣。君子三年不为礼,礼必坏;三年不为乐,乐必崩。旧谷既没,新谷既升,钻燧改火,期可已矣。”

子曰："食夫稻，衣夫锦，于汝安乎？"

曰："安。"

"汝安，则为之！夫君子之居丧，食旨不甘，闻乐不乐，居处不安，故不为也。今汝安，则为之！"

宰我出。子曰："予之不仁也！子生三年，然后免于父母之怀。夫三年之丧，天下之通丧也，予也有三年之爱于其父母乎！"

子曰："饱食终日，无所用心，难矣哉！不有博弈者乎？为之，犹贤乎已。"

子路曰："君子尚勇乎？"子曰："君子义以为上，君子有勇而无义为乱，小人有勇而无义为盗。"

子贡曰："君子亦有恶乎？"子曰："有恶：恶称人之恶者，恶居下流而讪上者，恶勇而无礼者，恶果敢而窒者。"

曰："赐也亦有恶乎？""恶徼以为知者，恶不孙以为勇者，恶讦以为直者。"

子曰："唯女子与小人为难养也，近之则不孙，远之则怨。"

子曰："年四十而见恶焉，其终也已。"

微子篇第十八

微子去之，箕子为之奴，比干谏而死。孔子曰："殷有三仁焉。"

柳下惠为士师，三黜。人曰："子未可以去乎？"曰："直道而事人，焉往而不三黜？枉道而事人，何必去父母之邦？"

齐景公待孔子曰："若季氏，则吾不能；以季、孟之间待之。"曰："吾老矣，不能用也。"孔子行。

齐人归女乐，季桓子受之，三日不朝，孔子行。

楚狂接舆歌而过孔子曰："凤兮凤兮！何德之衰？往者不可谏，来者犹可追。已而，已而！今之从政者殆而！"

孔子下，欲与之言。趋而避之，不得与之言。

长沮、桀溺耦而耕，孔子过之，使子路问津焉。

长沮曰："夫执舆者为谁？"

子路曰："为孔丘。"

曰："是鲁孔丘与？"

曰："是也。"

曰："是知津矣。"

问于桀溺。

桀溺曰："子为谁？"

曰："为仲由。"

曰："是鲁孔丘之徒与？"

对曰："然。"

曰："滔滔者天下皆是也，而谁以易之？且而与其从辟人之士也，岂若从辟世之士哉？"耰而不辍。

子路行以告。

夫子怃然曰:“鸟兽不可与同群,吾非斯人之徒与而谁与？天下有道,丘不与易也。”

子路从而后,遇丈人,以杖荷蓧。

子路问曰:“子见夫子乎？”

丈人曰:“四体不勤,五谷不分。孰为夫子？”植其杖而芸。

子路拱而立。

止子路宿,杀鸡为黍而食之,见其二子焉。

明日,子路行以告。

子曰:“隐者也。”使子路反见之。至,则行矣。

子路曰:“不仕无义。长幼之节,不可废也;君臣之义,如之何其废之？欲洁其身,而乱大伦。君子之仕也,行其义也。道之不行,已知之矣。”

逸民:伯夷、叔齐、虞仲、夷逸、朱张、柳下惠、少连。子曰:“不降其志,不辱其身,伯夷、叔齐与！”谓:“柳下惠、少连,降志辱身矣,言中伦,行中虑,其斯而已矣。”谓:“虞仲、夷逸,隐居放言,身中清,废中权。我则异于是,无可无不可。”

大师挚适齐,亚饭干适楚,三饭缭适蔡,四饭缺适秦,鼓方叔入于河,播鼗武入于汉,少师阳、击磬襄入于海。

周公谓鲁公曰:“君子不施其亲,不使大臣怨乎不以。故旧无大故,则不弃也。无求备于一人！”

周有八士：伯达、伯适、仲突、仲忽、叔夜、叔夏、季随、季騧。

子张篇第十九

子张曰："士见危致命，见得思义，祭思敬，丧思哀，其可已矣。"

子张曰："执德不弘，信道不笃，焉能为有？焉能为亡？"

子夏之门人问交于子张。子张曰："子夏云何？"

对曰："子夏曰：'可者与之，其不可者拒之。'"

子张曰："异乎吾所闻：君子尊贤而容众，嘉善而矜不能。我之大贤与，于人何所不容？我之不贤与，人将拒我，如之何其拒人也？"

子夏曰："虽小道，必有可观者焉；致远恐泥，是以君子不为也。"

子夏曰："日知其所亡，月无忘其所能，可谓好学也已矣。"

子夏曰："博学而笃志，切问而近思，仁在其中矣。"

子夏曰："百工居肆以成其事，君子学以致其道。"

子夏曰："小人之过也必文。"

子夏曰："君子有三变：望之俨然，即之也温，听其言也厉。"

子夏曰:“君子信而后劳其民;未信,则以为厉己也。信而后谏;未信,则以为谤己也。”

子夏曰:“大德不逾闲,小德出入可也。”

子游曰:“子夏之门人小子,当洒扫应对进退,则可矣,抑末也。本之则无,如之何?”

子夏闻之,曰:“噫!言游过矣!君子之道,孰先传焉?孰后倦焉?譬诸草木,区以别矣。君子之道,焉可诬也?有始有卒者,其惟圣人乎!”

子夏曰:“仕而优则学,学而优则仕。”

子游曰:“丧致乎哀而止。”

子游曰:“吾友张也为难能也,然而未仁。”

曾子曰:“堂堂乎张也,难与并为仁矣。”

曾子曰:“吾闻诸夫子:人未有自致者也,必也亲丧乎!”

曾子曰:“吾闻诸夫子:孟庄子之孝也,其他可能也;其不改父之臣与父之政,是难能也。”

孟氏使阳肤为士师,问于曾子。曾子曰:“上失其道,民散久矣。如得其情,则哀矜而勿喜!”

子贡曰:“纣之不善,不如是之甚也。是以君子恶居下流,天下之恶皆归焉。”

子贡曰:“君子之过也，如日月之食焉：过也，人皆见之;更也,人皆仰之。”

卫公孙朝问于子贡曰:“仲尼焉学？”子贡曰:“文武之道,未坠于地,在人。贤者识其大者,不贤者识其小者。莫不有文武之道焉。夫子焉不学？而亦何常师之有？”

叔孙武叔语大夫于朝曰:“子贡贤于仲尼。”

子服景伯以告子贡。

子贡曰:“譬之宫墙,赐之墙也及肩,窥见室家之好。夫子之墙数仞,不得其门而入,不见宗庙之美,百官之富。得其门者或寡矣。夫子之云,不亦宜乎！”

叔孙武叔毁仲尼。子贡曰:“无以为也！仲尼不可毁也。他人之贤者,丘陵也,犹可逾也;仲尼,日月也,无得而逾焉。人虽欲自绝,其何伤于日月乎？多见其不知量也。”

陈子禽谓子贡曰:“子为恭也,仲尼岂贤于子乎？”

子贡曰:“君子一言以为知，一言以为不知，言不可不慎也。夫子之不可及也,犹天之不可阶而升也。夫子之得邦家者,所谓立之斯立,道之斯行,绥之斯来,动之斯和。其生也荣,其死也哀,如之何其可及也？”

尧曰篇第二十

尧曰："咨！尔舜！天之历数在尔躬，允执其中。四海困穷，天禄永终。"

舜亦以命禹。

曰："予小子履敢用玄牡，敢昭告于皇皇后帝：有罪不敢赦。帝臣不蔽，简在帝心。朕躬有罪，无以万方；万方有罪，罪在朕躬。"

周有大赉，善人是富。"虽有周亲，不如仁人。百姓有过，在予一人。"

谨权量，审法度，修废官，四方之政行焉。兴灭国，继绝世，举逸民，天下之民归心焉。

所重：民、食、丧、祭。

宽则得众，信则民任焉，敏则有功，公则说。

子张问于孔子曰："何如斯可以从政矣？"

子曰："尊五美，屏四恶，斯可以从政矣。"

子张曰："何谓五美？"

子曰："君子惠而不费，劳而不怨，欲而不贪，泰而不骄，威而不猛。"

子张曰："何谓惠而不费？"

子曰："因民之所利而利之，斯不亦惠而不费乎？择可劳而劳之，又谁怨？欲仁而得仁，又焉贪？君子无众寡，无小大，无敢慢，斯不亦泰而不骄乎？君子正其衣冠，尊其瞻视，俨然人望而畏之，斯不亦威而不猛乎？”

子张曰：“何谓四恶？”

子曰：“不教而杀谓之虐；不戒视成谓之暴；慢令致期谓之贼；犹之与人也，出纳之吝谓之有司。”

孔子曰：“不知命，无以为君子也；不知礼，无以立也；不知言，无以知人也。”